Claude ROUQUETTE

O LAGARTO DOS PIRINÉUS

Claude ROUQUETTE

O LAGARTO DOS PIRINÉUS

Processos evolutivos complexos

ScienciaScripts

Imprint
Any brand names and product names mentioned in this book are subject to trademark, brand or patent protection and are trademarks or registered trademarks of their respective holders. The use of brand names, product names, common names, trade names, product descriptions etc. even without a particular marking in this work is in no way to be construed to mean that such names may be regarded as unrestricted in respect of trademark and brand protection legislation and could thus be used by anyone.

Cover image: www.ingimage.com

This book is a translation from the original published under ISBN 978-620-3-42711-0.

Publisher:
Sciencia Scripts
is a trademark of
Dodo Books Indian Ocean Ltd. and OmniScriptum S.R.L publishing group

120 High Road, East Finchley, London, N2 9ED, United Kingdom
Str. Armeneasca 28/1, office 1, Chisinau MD-2012, Republic of Moldova, Europe
Printed at: see last page
ISBN: 978-620-7-71818-4

Conteúdo

A suite naturalista sobre os complexos processos da evolução biológica e as transformações da civilização é composta por quatro volumes cronológicos:

Volume I: **Les fougeres noires. (A ser publicado)**

Volume II: **L'Euprocte des Pyrenees.** (*Editions Universitaires Europeennes, 2021*).

Volume III: **Le Castor des Cevennes** (*Editions Universitaires Europeennes, 2021*).

Volume IV: **Indri Indri, uma viagem às origens da humanidade (A publicar)**

Seguido de três ensaios:

- **Baixas energias biológicas.** (*Editions Universitaires Europeennes, 2021*)
- **L'Humanite desarticulee (A publicar).**
- **La septieme corde (A publicar).**

Outras obras do autor sobre a história da marinha e das Cevennes, uma introdução à exploração científica dos mares, oceanos e continentes.

- **O colégio de Neptuno.** (*Les Presse du Midi*).
- **Memórias de mar, cevenoles. (A publicar).**
- **Besseges, em tempo de abundância, 1825-2021, declínio e renovação de uma cidade das Cévennes** (*La Fenestrelle*).

Este diário de bordo é uma homenagem ao nosso amigo
Jean Gagnepain (1961-2010)
Vice-presidente da associação *"Pour Darwin"* e diretor do museu de pré-história das gargantas do Verdon, em Quinson, apoiou generosamente as actividades do Instituto Internacional Charles Darwin.

Agradecimentos

Ao Professor Patrick Tort, Diretor do Charles Darwin Institute International, com toda a minha gratidão pela sua amabilidade e rigor científico.

Professor Jean-Claude Beetschen, por todo o seu trabalho.

No centro de documentação e arquivo do Parque Nacional de Cëvennes, em Gënolhac.

No Museu de Pré-história das Gargantas do Verdon.

Aos meus amigos, Suzette e Henri Blandina, a quem devemos o Jardim Etnobotânico de La Gardie em Rousson (Gard, Occitânia), onde vivem as salamandras terrestres.

O musëe de Prehistoire de Rousson, pela sua coleção de fósseis de anfíbios.

Ao fotógrafo de vida selvagem Jean Faisse e a Michele, pelas suas longas observações de anfíbios e répteis no Mont Lozere, e de outros animais com cornos.

Aos meus camaradas, marinheiros, guias-confërenciers naturalistas, Sylvain Mahuzier e Jean-Pierre Sylvestre.

Ao Capitaine de vaisseau (h) Jean-Claude Richard, antigo chefe do curso de électromëcaniciens de sëcuritë, que prëfacë o ensaio sobre as baixas ënergias biológicas, complementar a este tomo.

Ao Almirante (2s) Christophe Prazuck, Diretor do Institut de l'Ocëan, Sorbonne Universite, pelo seu encorajamento para prosseguir a exploração científica dos mares, oceanos e continentes.

A la Dame, a l'ancre.

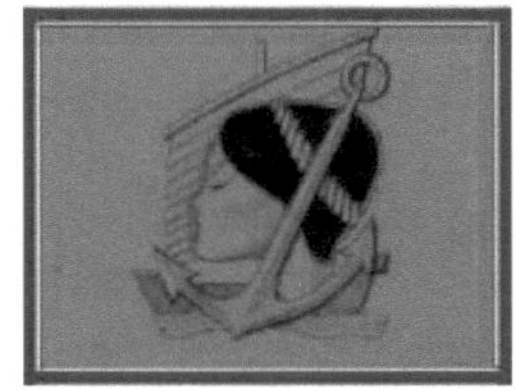

de

Jean-Pierre Sylvestre

Especialista internacional em mamíferos marinhos,
que estudou em todos os mares e oceanos.
Guia de conferências sobre a Antárctida.
Autor de numerosos artigos e livros sobre cetáceos.

O historiador marinho e naturalista Claude Rouquette pediu-me que escrevesse o prefácio da sua impressionante investigação sobre o Calango-dos-Pirinéus. Estou profundamente sensibilizado com o pedido deste amigo de longa data e com a sua confiança em mim. Aceitei fazê-lo na qualidade de especialista em mamíferos marinhos que não conhece verdadeiramente os anfíbios actuais. Em memória das nossas discussões amigáveis sobre Ciências Naturais durante o meu serviço militar na Marinha Francesa, quis escrever estas poucas páginas preliminares comentando a filogënese dos anfíbios, aquela que liga certos Peixes aos Tëtrapodes. Desde muito jovem que sou fascinado pelo Crelacanto, que tive a sorte de estudar em numerosos museus de todo o mundo, na África do Sul, no Japão, na Alemanha e em França. O meu encontro com cientistas que trabalham com este "peixe primitivo" ensinou-me que existem apenas duas espécies vivas, nomeadamente :

- O Crelacanto do Oceano Índico e do Canal de Moçambique, ***Latimeria*** *chalumnae.*
- Crelacanthe de l'lndon'sie, ***Latimeria*** *menadoensis.*

Muitas vezes referido como um "fóssil vivo", estas duas espécies actuais representam um ramo recente desta família, mas este peixe muito especial preservou na sua anatomia vestígios significativos de um percurso evolutivo entre os peixes pulmonídeos e os primeiros vertebrados terrestres ou Tëtrapods, a origem dos anfíbios. Por exemplo, os ossos das barbatanas peitorais e pélvicas do Crelacanto distinguem-se por ossos ancestrais, homólogos aos nossos membros anteriores (braços) e posteriores (pernas).

Os cientistas da segunda metade do século XX consideraram este "peixe de barbatanas lobadas" como o antepassado dos vertebrados terrestres e, por conseguinte, dos anfíbios, depois dos répteis, bem como dos mamíferos, desde os primatas até ao Homo sapiens!

À medida que os métodos de classificação filogenética melhoraram, eles têm cotдё o arranjo taxonómico dos peixes por sëparating espécies em vários clados bem específicos :

- ***Osteichthyes***, incluindo peixes ósseos com bexiga natatória, como a sardinha (***Sardina*** *pilchardus*) e o Mërou da vasta família ***Serranidae***.
- Os ***Chondrichthyes***, que incluem os peixes cartilaginosos, incluindo a subclasse ***Elasmobranchii*** de tubarões e raias, e ***Holocephali*** de Chimëres, sem bexiga natatória.
- ***Agnatha***, ou peixes sem mandíbula, como a Lampreia.
- Os ***Sarcopterygians***, anteriormente chamados Crossoptërygians, dos quais dërivë derivam as ligiwes dos ***Ccelacanthiformes*** com barbatanas lobëe e os Dipneustes, da super-ordem ***Ceratodontimorpha***, nos quais a bexiga natatória está equipada com cHilvroles funcionais para respirar ao ar livre.

Os cmraeteres adquiridos pelos Crelacanthus sugeriram padrões evolutivos durante a transição entre as vertëbrës aquáticas e as primeiras vertëbrës terrestres quadrúpedes.

No Quebeque, tenho a sorte de viver não muito longe de um sítio fóssil de grande importância para a investigação em patologia, nomeadamente Miguasha, na Gaspësie.

6

Neste local, os investigadores descobriram uma das espécies fósseis de peixes mais estudadas, a fim de compreender a sua adaptabilidade quando emergiu da água durante o Dëvoniano, um período quente, seco e muito seletivo, há 380 milhões de anos. Pensa-se que se trata de um Sarcoptërygiano, primo do Crelacanto: *Eusthenopteron foordi Whiteaves, 1881*, batizado de "Príncipe de Miguasha" pelos cientistas Q^becquois, que o consideravam a forma mais próxima dos primeiros vertebrës prëaptës à vida terrestre, e portanto próximo dos Anfíbios. No mesmo local, entre 1950 e 1981, pa^ontólogos canadianos desenterraram dois pedaços muito fragmentários de uma outra espécie aquática que se parecia mais com um Anfíbio do que com um Peixe, de nome *Elpistostege watsoni,* com barbatanas peitorais comparáveis a dedos. Em 2010, descobriram um espécime inteiro que estava suficientemente bem preservado para o colocar na linha de descendência entre peixes e anfíbios.

Outros espécimes serão encontrados nas camadas gëológicas do Dëvoniano no Hemisfério Norte, nomeadamente no Ártico canadiano com o *Tiktaalik roseae*, que vivia em águas pouco profundas e pobres em oxigénio e podia sair da água apoiado nas suas fortes barbatanas peitorais e respirar ar utilizando as suas bexigas natatórias altamente vascularizadas. Na Rússia e na Letónia, *o Panderichthys rhombolepis* e o *stolbovi* tinham pulmões primitivos e deslocavam-se no solo através dos movimentos combinados dos membros inferiores e da ondulação. Estas três espécies classificadas como Sarcoptërygians levantaram uma questão sobre a sua classificação: seriam peixes com barbatanas lobadas ou anfíbios primitivos?

Os pa^ontólogos realizaram estudos anatómicos aprofundados sobre as barbatanas peitorais de *Eusthenopteron, Elpistostege, Pandericthys* e *Tiktaalik*, que confirmaram a sua posição evolutiva entre os Peixes Pulmo^s e os primeiros vertebrës terrestres Tëtrapods, na direção dos Anfíbios. As suas pesquisas confirmaram a descrição de uma forma ancestral do humërus, rádio, ulna e ëlëments distais nos membros anteriores. Pistas suficientemente válidas para pressagiar um elo perdido entre Peixes e Anfíbios. Estes vertebrados aquáticos pareciam assegurar a transição ao possuírem as características para respirar ar e moverem-se do ambiente aquático para a terra firme.

Esta emergência da água foi confirmada pela descoberta, no hemisfério norte, de fósseis de anfíbios encontrados em camadas do Devónico Superior datadas entre 385 e 259 milhões de anos, os mais conhecidos dos quais são *Ichthyostega* e *Acanthostega* da Gronelândia.

O meu interesse pelo Crelacanthus permitiu-me adquirir um maior conhecimento dos anfíbios fósseis do que das formas actuais estudadas pelo naturalista Claude Rouquette no âmbito da sua investigação sobre processos evolutivos complexos.

No Quebeque, tive a oportunidade de trabalhar com um proteídeo: o *Necturus maculosus*, um Urodele que conserva as guelras durante toda a sua vida, como acontece com o Axolotl mexicano e o Proteídeo esloveno.

No Japão e na China, estudei duas espécies de salamandras gigantes, *Andrias japonicus* e *Andrias davidianus*, e durante várias visitas à região de Hiroshima, observei e fotografei estas salamandras gigantes nos riachos a norte da cidade. Gostaria de agradecer aos meus amigos do Jardim Zoológico de Asa que estão a trabalhar para proteger esta espécie da fauna japonesa.

No seguimento da investigação do meu colega, gostaria de comentar as semelhanças e diferenças entre estas salamandras gigantes, isoladas em alguns riachos da ilha japonesa, e o Euproctus pirenaico. Estas espécies de Urodeles vivem em riachos de montanha com água fria e oxigenada; o seu acasalamento é noturno e escondem-se durante o dia, longe da luz. Em comparação, o pequeno Euproctus **Calotriton** *asper asper* consegue rastejar debaixo das rochas para se abrigar dos raios solares, enquanto a grande Salamandra Japonesa (entre 80 cm e 1,40 m) procura esconderijos debaixo de vegetação subaquática ou em fendas de rochas. Ao fim da tarde, assim que a noite cai, a salamandra-japonesa sai do seu esconderijo aquático e caminha sobre o cascalho em busca de presas.

Enquanto as salamandras gigantes do Japão e da China são as maiores espécies de lissamfíbios que vivem na Terra, as formas fósseis dos Paleozoi'que e Mesozoi'que eram muito mais compridas. Na América do Norte, os cientistas descrevem dois anfíbios fossilizados com 2 metros de comprimento, um datado do Devónico, **Hynerpeton**, e outro do Permiano, **Eryops** *megacephalus*. Na Europa, os alemães mencionam um anfíbio de 2 a 5 metros de comprimento, o **Mastodonsaurus**, encontrado no Triássico Superior. Na Austrália, os investigadores descobriram uma gigantesca salamandra de 10 metros de comprimento, **Koolasuchus** *cleelandi*, em estratos do Cretáceo.

Durante as minhas viagens geológicas à volta do mundo, tive a oportunidade de passar vários dias numa das mais ricas jazidas paleontológicas do início do Permiano, entre 290 e 260 milhões de anos atrás. Situa-se em Rotliegen, no Sarre, uma região da Alemanha encravada entre o sul do Luxemburgo e a França. Nas muitas camadas deste sítio, os investigadores descobriram espécies aquáticas de água doce, incluindo Crelacantos, vários peixes ósseos e, sobretudo, tubarões primitivos, alguns dos quais com mais de 3 metros de comprimento.

Em terra, encontraram insectos, uma grande libélula e, sobretudo, anfíbios de 20 centímetros a mais de um metro de comprimento. Alguns destes anfíbios assemelhavam-se a grandes salamandras com crânios de crocodilo. Assim, os crânios triangulares e achatados dos anfíbios **Sclerocephalus** e **Archegosaurus** *decheni* (que se pensa ter sido mais parecido com um peixe) não só se assemelhavam ao do crocodilo, como também ao do **Elpistostege** do Quebeque, seguindo um processo de convergência evolutiva. Os paleontólogos alemães descreveram pequenas salamandras, como a **Apateon** (12 cm), totalmente aquática e coberta de escamas. Estas salamandras assemelhavam-se à necture canadiana e a outras espécies fósseis morfologicamente semelhantes ao Euprocte dos Pirinéus, como o **Micromelerpeton** (300 Ma), que podia regenerar os membros, e o **Melanerpeton**.

O estudo dos fósseis de anfíbios, a paleobatrocologia, começou na Suíça de língua alemã. Em 1725, alguns homens trouxeram ao naturalista suíço Jacob Scheuchzer (1675-1733) uma placa de calcário descoberta numa pedreira alemã perto da cidade de Ohningen, no Lago Constança. A placa mostrava um esqueleto de quase um metro de comprimento, que mal emergia da massa rochosa. O naturalista de Zurique identificou um crânio e uma coluna vertebral. Ao examinar os restos mortais, Scheuchzer ficou subitamente convencido de que se tratava de um homem que tinha morrido na altura do dilúvio bíblico. Publicou uma descrição pormenorizada do mesmo na sua "*Litographia helvitica*" de 1726 e chamou-lhe **Homo** *diluvii testis, um* homem que tinha testemunhado o dilúvio e que, de acordo com os preceitos da Teologia Natural estabelecidos nos escritos do Antigo Testamento, pretendia estabelecer o limite máximo para a criação das espécies. Só em 1812, com a descrição do célebre cientista francês Georges Cuvier (1769-1832), é que se confirmou o nome desta salamandra do Miocénico, **Andrias** *scheuchzeri*, que ele descreveu cautelosamente como a imagem humana de Scheuchzer... Desde 1802, este espécime encontra-se em exposição no Museu Teylers, em Haarleem, nos Países Baixos.

Ao estudar o manuscrito do Euprocte des Pyrenees, completei o meu conhecimento sobre as formas de transição dos anfíbios entre o meio aquático e o meio terrestre, que acabo de esboçar resumindo algumas características da sua paleontologia. A adaptabilidade dos processos respiratórios em Urodeles merece um estudo mais aprofundado, e impressionou-me a investigação exploratória de Claude Rouquette sobre processos complexos na biologia da revolução e das transformações da civilização. A sua investigação sobre as unidades de níveis de integração dos organismos vivos, juntamente com as suas numerosas perguntas, fornece-nos informações sobre a complementaridade da respiração cutânea, oral-faríngea e pulmonar nos anuros e nos urodelos. Para o explicar, optou por se aventurar numa descrição prospetiva da coordenação da atividade celular, examinando as suas causas e consequências na ontogenia, metamorfose e capacidade de regeneração dos Euproctus pirenaicos, e concluindo com uma discussão sobre a sua sociabilidade nascente.

Conhecemo-nos em 1981, quando o Chefe Claude Rouquette era um dos instrutores do departamento de Defesa Nuclear, Bacteriológica e Química (NBQ) do Centro de Formação Naval de Querqueville, então escola de segurança da Marinha Francesa, onde eu estaria colocado durante o meu serviço militar, juntamente com o marinheiro Sylvain Mahuzier.[1].

Tínhamos uma paixão pelas Ciências Naturais e pela Criptozoologia, e tivemos sorte, porque este departamento era composto por oficiais da Marinha, suboficiais, assistentes científicos, médicos e farmacêuticos que davam formação em prevenção de riscos NBC a bordo dos navios de combate. Entre eles estava Claude Rouquette, com quem Sylvain e eu tivemos longas discussões sobre zoologia e a teoria da evolução das espécies, que ele estudou durante as suas viagens à volta do mundo. Foi assim que nasceu a forte amizade entre nós os três, a amizade entre as tripulações da frota e os naturalistas "de bordo", uma solidariedade que se concretiza neste prefácio.

Jean-Pierre Sylvestre

ORCA, l'Isle-Verte, Quebeque, Canadá
(outubro de 2021)

---

1 N eto do explorador Albert Mahuzier, Sylvain é professor de biologia, naturalista consultor, conferencista e autor. Em 2016, escrevemos em conjunto o livro "Cap sur le grand continent blanc", publicado pela QUAE. Sylvain prefaciou o primeiro volume da suite naturalista de Claude Rouquette, "Le castor des Cevennes", publicado pelas Editions Universitaires Européennes, como uma introdução aos processos evolutivos complexos.

Prefácio de um naturalista

Navegar ao serviço do Royale[2] no Mediterrâneo, no Golfo Pérsico e no Oceano Índico, deu-me algumas pausas entre duas pëtroliëres crises, o tempo de uma carenagem e uma curta licença. Mesmo durante estes breves períodos de descanso, interrompidos por recordações inoportunas, os acontecimentos políticos e militares apanharam-nos nos caminhos dos Hautes-Pyrénées que percorremos a partir de 1983, perto da reserva de Neouvielle, no vale de Moudang, acima de Saint-Lary-Soulan. Em 2009, esta experiência repetiu-se quando começámos a desenvolver o nosso método de trabalho sobre os processos evolutivos complexos.

Ao longo da redação deste volume da sequela naturalista, surgiram muitas questões, e como poderão constatar, estamos a fazer mais perguntas do que a responder em áreas científicas cada vez mais especializadas e fora do nosso alcance. Para escrever relatórios mais substanciais do que estes poucos capítulos, inspirando-nos na viagem bem sucedida de Charles Darwin, propusemos um projeto conjunto com o Charles Darwin Institute International, sob a direção do Professor Patrick Tort. No espírito da viagem de Charles Darwin, propusemos às instituições a criação de uma frota de veleiros equipados com laboratórios a bordo, vectores itinerantes e módulos autónomos dedicados à investigação científica multidisciplinar. Recordamos os objectivos gerais das explorações a longo prazo em *"Evolução Biológica e Transformações da Civilização"* para missões realizadas simultaneamente no mar e em terra, sem interrupção.

"O Charles Darwin Institute International estabeleceu como objetivo continuar o trabalho do grande naturalista nos mares, oceanos e continentes, para medir a revolução dos ecossistemas e das zonas biogeográficas. O objetivo é estudar o impacto das suas transformações na vida humana, que hoje está integrada neles, e tirar as consequências ecológicas, culturais e sociais para responder a questões vitais sobre o futuro da civilização, a evolução da humanidade, as espécies vivas e os seus ambientes".

A nossa primeira paragem naturalista, no final de um caminho de montanha no vale de Moudang, serviu para experimentar o método exploratório para processos evolutivos complexos.

---

2 A Marinha de Guerra Francesa é descendente das tradições da Marinha Real, com origem na região das Cévennes, história que é contada no "Le college de Neptune", uma escola naval criada em Alais, nas Cévennes (1786-1792).

Escalas no vale de Moudang

Durante as nossas escapadelas exploratórias nos I fiutes-Pvrenees, seguimos os passos de Charles Darwin, que percorreu os Andes antes de chegar às ilhas Galápagos, e os passos de outros naturalistas que inspiraram a nossa abordagem. O biólogo Claude Dendaletche, nos seus diários de viagem, abriu-nos o caminho para a descoberta dos ecossistemas dos Pirinéus. Quanto aos cientistas Raymond Despax, Monique Clergue-Gazeau, Jean-Claude Beetschen e François Gasser, as suas investigações aprofundadas sobre o Urodeles encorajaram-nos a seguir humildemente as suas pegadas, para descobrir e revelar certos aspectos do Euproct, uma espécie de anfíbio endémica dos Pirenéus, ainda muito pouco conhecidos. Na fronteira entre a França e a Espanha, estas montanhas não são demasiado altas para permitir o acesso aos picos mais altos. O Vale de Aure oferece uma riqueza de biodiversidade acessível a diferentes altitudes, o que o torna um local ideal para longas caminhadas e observações fascinantes para um naturalista principiante. Foi no decurso do Neste, no vale de Moudang, torrente de águas límpidas onde se precipitam tumultuosas cascatas e nascem fontes ferruginosas, que encontrámos...

O escamoteador dos Pirinéus, *Euproctus ou Calotriton asper asper (Duges, 1852)*

O nosso acampamento base situava-se no parque de campismo de Pont de Moudang, uma aldeia situada acima de Saint-Lary-Soulan, a estância termal e de esqui muito acolhedora dos Altos Pirinéus. O objetivo da nossa estadia era duplo: realizar uma investigação histórica sobre o percurso da madeira de construção naval extraída nas florestas dos Pirinéus durante a época da marinha de vela e começar a desenvolver um método de observação num local com características propícias ao estudo prático de processos evolutivos complexos.

Em 1991, o meu primeiro encontro com o Professor Patrick Tort, no colóquio que organizou no College de France e na Sorbonne sobre o tema *"Darwinismo e Sociedade"*, foi decisivo. Na sua conferência de abertura, explicou os fundamentos da antropologia darwinista, sublinhando a noção fundamental do efeito reversivo da revolução, um conceito importante que tinha exposto em 1983. Estas sessões decorreram perante um público sempre curioso, à procura de explicações sobre as extensões consideráveis da célebre comunicação científica expressa por Charles Darwin, sobre a origem das espécies por seleção natural, em conjugação com as afirmações de Alfred Russell Wallace. Os oradores continuaram a explicar os efeitos das aberrações sociais do darwinismo causadas pelo desconhecimento da obra completa do sábio naturalista, ainda muito pouco conhecida e muitas vezes mal interpretada. Dominando a audiência com a sua escuta sempre vigilante, o sábio Theodore Monod prestou muita atenção às palavras do Professor Patrick Tort, cujo discurso inovador e original era ainda difícil de compreender para um marinheiro e naturalista amador.

Ainda me interrogava muito sobre a evolução biológica que descobria e sobre a civilização, sempre em crise, com a qual me confrontava frequentemente nas minhas incessantes operações ultramarinas centradas no Mediterrâneo, uma zona marítima conflituosa que se estendia do Próximo ao Médio Oriente. Estas interrogações levaram-me a aprofundar os estudos sobre a teoria da revolução, tendo em conta este paradigma singular que o Professor Tort introduziu e que explicaria incansavelmente através de publicações impressionantes como o *"Dictionnaire du darwinisme et de revolution"* (puf,

1996) e a reedição concorrente da obra de Charles Darwin, cujos prefácios eruditos reescreveu com rigor. Outras obras de Patrick Tort chamaram a minha atenção, em particular "*La Pensee hierarchique et l'Evolution*" (Aubier, 1983), um texto decisivo sobre o seu método de análise dos complexos discursivos, um tema importante na sua obra, que ele desenvolveu longamente em "*Qu'est-ce que le materialisme*" (Belin, 2016), um ensaio consequente que eu leria em doses homeopáticas para reforçar a minha investigação sobre os processos evolutivos complexos.

A análise dos complexos discursivos é um método que desafia justamente as situações históricas no que respeita às ciências, que são fundamentalmente criativas, mas cujo discurso é abusivamente impregnado por ideologias reiterativas, numa remodelação inexorável que manipula habilmente a invenção científica. Para atingir os seus fins, e não menos habilmente, no caso das crenças mais obscuras, para as neutralizar.

Com esta advertência em mente, o linguista e historiador da ciência desafiou-me sobre a verdadeira dimensão da teoria da revolução biológica, alargada à da Civilização. Uma Civilização em crise permanente, cujos efeitos mais perversos iríamos medir em termos concretos ao longo de muitos e longos anos de navegação.

Os dos incessantes conflitos bélicos no Médio Oriente, a guerra entre Israel e os seus vizinhos próximos (a guerra do Yom Kippur, 1973), que levou à aniquilação do Líbano, depois a guerra do petróleo que se seguiu do Iraque à Líbia, ao Irão, à Síria e ao Afeganistão, sem descanso...

As catástrofes tecnológicas e químicas (Bophal, 1984) e as catástrofes nucleares (Chernobyl, 1986).

Os da decadência socioeconómica do regime soviético contrastavam com a exuberância ultraliberal dos Estados Unidos.

Sujeitos aos efeitos insidiosos da globalização, os Estados da Europa e a França não serão poupados, pois os desafios da modernidade galopante e da finança obsoleta aumentam as fracturas sociais, gerando austeridade e precariedade crescente. O emprego escasseia, abrindo caminho à delinquência e à criminalidade, e a ascensão do terrorismo islâmico alastra insidiosamente para atingir cruelmente as populações e desestabilizar os países que sofrem os efeitos de fluxos migratórios incontroláveis. Acontecimentos que incentivaram tendências extremistas de todos os lados, desencadeando conflitos cruéis e intermináveis...

A partir de 2020, as crises sanitária e climática mundiais vão abalar os governos e os povos de todos os países...

Ao serviço da nação e como cidadão do mundo, tinha-me tornado uma testemunha atenta, na altura neutralizada pelo dever de reserva. Vivi estes conflitos, tanto no estrangeiro como em França, a bordo dos navios de combate da marinha francesa. As forças navais estavam envolvidas ao lado dos nossos irmãos de armas da Força Aérea e do Exército, e apoiávamo-nos mutuamente nos piores momentos, durante as tentativas de encontrar soluções diplomáticas e armadas para estes trágicos problemas da civilização. Estes episódios serão intercalados com curtos dias de reparação nas pacíficas montanhas pvreneanas, interrompidos por um tëlëgrama de recordação. As circunstâncias internacionais e as exigências do serviço governamental no mar levaram-nos a terrenos menos pacíficos do que as nossas explorações naturalistas periódicas dos Pirenéus, no vale de Moudang.

1. *Hautes-Pyrénées, vale de Moudang.*

As nossas forças armadas estavam envolvidas numa guerra quase permanente, desde o Líbano desintegrado até ao Golfo Pérsico explosivo, situações em que a força aérea naval francesa estava constantemente envolvida. O grupo aeronáutico era constituído por um porta-aviões e, alternadamente, embarquei no *"Foch"* ou no *"Clemenceau"*, no qual fui colocado como Major da especialidade de segurança. Este poderoso navio, *o "Tigre dos Mares"*, era rodeado pela sua escolta, a fragata *"Suffren"* e uma corveta, apoiada por um navio de abastecimento. Esta força aérea e marítima era protegida pelos seus próprios aviões e, provavelmente, por alguns submarinos discretos na água. Sob o comando de um almirante, a missão desta esquadra era defender os nossos interesses no estrangeiro, apoiando a diplomacia francesa e assegurando o livre fluxo de abastecimento de petróleo. Um recurso natural e um combustível fóssil desperdiçados nas auto-estradas do consumismo e do lazer despreocupado, cujos lucros se destinam a alimentar os lucros imprudentes das multinacionais e dos seus ricos accionistas que, a julgar pelo tamanho dos seus iates, ainda não estão satisfeitos com os seus desejos insaciáveis.

Em cada paragem, apercebi-me das múltiplas consequências do progresso sem limites, na vida social, no ambiente e na revolução das espécies, constatei os potenciais excessos dos países desenvolvidos e notei as carências dos considerados em desenvolvimento, situações paradoxais, com discrepâncias que alteram gravemente a civilização. Observei a miséria dos povos envolvidos nos infindáveis conflitos armados que afectam a bacia do Mediterrâneo, caldeirão explosivo de uma guerra sempre fria, onde se concentram as poderosas forças navais europeias (França, Inglaterra, Itália, Espanha, Grécia) e as frotas dos Estados Unidos, Grécia) e as frotas dos Estados Unidos, confrontadas com as da ainda União Soviética, que nos assediavam sem tréguas, desde o alto mar até à ancoragem nos baixios, na espera interminável de um combate, delegada a algumas milícias subornadas para o combate fratricida.

A constatação histórica de que a raça humana é capaz de agressão e destruição merecia uma reflexão aprofundada, e muita leitura em etologia (Lorentz, 1963) e biologia comportamental (Laborit, 1973) pontuava os longos dias no mar. Depois da vigília, das aviações, dos exercícios de segurança e das chamadas para os postos de combate, era por vezes uma hora tranquila de leitura na cabina estreita do porta-aviões. Um verdadeiro recurso para o espírito, que o libertava momentaneamente dos numerosos constrangimentos da vida marítima e militar, para melhor apreciar as descobertas

inesquecíveis feitas durante as curtas paragens para reabastecimento. No âmbito da minha promoção interna, tive também de dedicar algum tempo à preparação para o concurso de oficial de marinha especialista em segurança e ambiente, através de cursos por correspondência, interessando-me assim pelo funcionamento das instituições nacionais, europeias e internacionais, bem como pela história da Marinha, da França e do mundo em todos os seus estados... Na altura, estudava a revolução do tigre (**Panthera** *tigris*), que já estava em vias de extinção.[3]Na altura, estava a estudar a revolução muito particular do tigre (Panthera tigris), já em vias de extinção, bem como a representação animal, uma forma de arte muito abundante em todo o Mediterrâneo, particularmente na Grécia, onde Micenas e os seus tesouros arqueológicos, dominados pela presença de leões (**Panthera** *leo*), certamente me atraíram. A investigação que estava a desenvolver baseava-se na representação original da história evolutiva dos Felídeos que o paleontólogo Georges Gaylor Simpsom tinha judiciosamente introduzido em diagramas de árvores filogenéticas muito elaborados, que eu achava muito intrigantes. Para esta linha da família Felidae, ele tinha traçado três trajectórias evolutivas, as dos Viverrídeos, dos Felídeos e dos Machai'rodontes, que representavam efetivamente a progressão das suas variações morfológicas em relação aos constrangimentos selectivos naturais que ele tinha surpreendentemente estratificado num diagrama explícito da sua evolução e extinção. Completei este estudo sumário da revolução do tigre trocando cartas com o paleontólogo americano Leonard Radinsky (1937-1985), que tinha consagrado a sua investigação à análise funcional da morfologia dos tigres-dentes-de-sabre, uma hipertelia crítica causada pelo alongamento excessivo dos seus caninos, que ele acreditava ter contribuído para a sua extinção ao limitar o acesso a certas presas. Segundo as suas hipóteses, a sua pele tornou-se demasiado espessa para ser perfurada por estes dentes longos, devido ao efeito combinado da relação determinante das variações genéticas e da seleção natural sobre esta caraterística vital da sua dentição, que se tornou hipertrofiada. Voltando à noção de agressividade, o instinto agressivo dos tigres merecia ser estudado e, aproveitando uma longa viagem de atracagem a Toulon, tive a oportunidade de observar e registar o comportamento dos tigres no centro de criação e de treino de Faron.
Seguindo os conselhos do seu dono e amigo Roger de Souza, habituado aos comportamentos agressivos que provocava durante as sessões de treino. Este hábil treinador de animais selvagens sabia como despoletar e utilizar a raiva do tigre: quando este se aproximava da jaula a uma distância que o perturbava, o tigre levantava-se subitamente sobre as patas traseiras, com as presas arreganhadas e as garras de fora, pronto a destruir a sua presa com rugidos e uivos assustadores. Tomei nota das fases em que a agressividade deste poderoso felino era despoletada, atento ao mais pequeno movimento dos outros animais e dos visitantes do parque animal.
Esta agressividade variava entre a simples dissuasão e a brutalidade aterrorizadora, que se manifestava por várias razões que eu tinha de compreender em ambientes naturais... Mais tarde, ao visitar o sul do Nepal, durante uma estadia no Terai, em Lumbini, local de nascimento do Buda histórico que dedicou a sua vida a encontrar e a ensinar a busca da paz interior. De acordo com a sua doutrina, o domínio dos instintos e dos desejos baseia-se em práticas meditativas para alcançar a tranquilidade dos sentidos e dos pensamentos. Estávamos na fronteira com a Índia, perto do parque nacional Royal Chitwan, e todas as

---

3 A Panthera tigris está à beira da extinção, restando cerca de 3.800 na Ásia.

manhãs lia nos jornais locais notícias de ataques de tigres a habitantes locais, guias e turistas. Estes ataques assassinos são um dos maiores problemas para a conservação da vida selvagem, problemas que eu voltaria a encontrar com os ursos dos Himalaias, do Nepal ao Butão, tal como com os ursos exterminados e reintroduzidos, não sem dificuldade, nos Pirinéus. Com base nestas experiências, senti que era importante traduzir a aquisição de conhecimentos livrescos sobre a teoria da revolução em estudos práticos, a fim de desenvolver um método de observação e registo de dados que pudesse um dia ser utilizado para reflectir e formular propostas para os complexos processos de evolução biológica e as transformações da civilização.

Depois de ter escrito com sucesso um ensaio sobre a obra de Konrad Lorentz "*L'Homme dans le fleuve du vivant*", Homme qu'il pressentait deja en peril, (Flammarion, 1961) num concurso interno, fui admitido na École Militaire de la Flotte, porta de entrada para a École Navale. Depois de me tornar aspirante, o período de formação dos oficiais da marinha na península de Crozon termina e embarco no porta-aviões "*Clemenceau*" como assistente de segurança. Um ano após este último embarque, fui promovido ao posto de alferes e nomeado primeiro oficial e depois comandante de companhia no prestigiado Bataillon des Marins-Pompiers de Marselha. Este destacamento marítimo permitiu-me, depois de ter passado muito tempo a viajar pelos mares e oceanos, durante os conflitos intermináveis da Guerra Fria, muitas vezes a arder no grande teatro da tragédia humana, ver a sociedade por dentro. Assim, pude visitar mais regularmente as bibliotecas e o museu de Marselha, bem como a livraria do antigo arsenal de Galeres, e ouvir conferências e participar em eventos culturais na encantadora cidade de Phoceenne. Foi uma grande experiência de comando, trabalhando ao lado de marinheiros e bombeiros corajosos e dedicados, certamente desafiante, mas enriquecida pelos muitos contactos com os habitantes de Marselha, confrontados com os desafios que enfrentam. A partir deste observatório da sociologia do quotidiano e através das minhas experiências no terreno, em bairros populares e mais abastados, revelou-se a angústia humana, constatei as causas profundas do colapso da sociedade, depois de ter vivido as das Nações Unidas, factos que comento no ensaio sobre "*L"Питание desarticulee*"...

Estas actividades excitantes e instrutivas tinham-me entusiasmado tanto durante os muitos anos passados ao serviço da Real Ordem... Atingido pelo limite de idade, estava cada vez mais preocupado com os problemas da Humanidade e curioso sobre a complexidade da sua evolução biológica para a Civilização. Uma civilização constantemente minada pelos incessantes conflitos à volta do mundo e pela disfunção social e económica que me revelaram as minhas muitas viagens à volta do mundo e os meus últimos trabalhos em terra. Era tempo de deixar a nobre instituição marítima para me dedicar a tempo inteiro às observações naturalistas e à investigação dos complexos processos evolutivos. A fundação do Instituto Internacional Charles Darwin em Puycelsi, na região do Tarn, em França, dirigido pelo Professor Patrick Tort, devia proporcionar-me a oportunidade de aprofundar os meus conhecimentos sobre o grande naturalista, demasiado sucintos, após um estudo aprofundado da História da Marinha e das viagens de exploração científica que precederam e seguiram a de Charles Darwin.

2. Biblioteca, Instituto Charles Darwin Internacional.

Na companhia de Patrick Tort, faremos uma pesquisa fascinante sobre as três viagens do H.M.S. "*Beagle*", em busca dos primórdios de uma teoria que o jovem naturalista desenvolveu na segunda viagem deste pequeno barco de três mastros, que navegou da América do Sul (1825-1836) para a Austrália (1837-1843), acabando no fundo de um arsenal (1872) após uma circum-navegação do globo. Este estudo, realizado ao longo de mais de três anos, inspirou-nos a conceber e desenvolver projectos para promover a exploração científica a longo prazo e encorajou-me a prosseguir a investigação sobre os complexos processos de evolução biológica e as transformações da civilização. Entre as minhas viagens e a minha reforma em Cevennes, tive também alguns encontros frutuosos no seio da associação "*Pour Darwin*", cujos membros de origens muito diferentes apoiam as actividades do I.C.D.I. juntamente com o seu incansável diretor.

[4]Esta foi a continuação de uma cumplicidade amigável e de um diálogo sustentado com Patrick Tort, que nos levou a contribuir para a redação do longo prefácio do "*Diário de Bordo*" de Charles Darwin, em particular para descrever em pormenor a vida a bordo do famoso pequeno veleiro. Sublinhei o sistema de relações, típico das pessoas no mar, que se tinha estabelecido entre Charles Darwin, o seu assistente, os oficiais e os marinheiros do H.M.S. "*Beagle*". Este contexto estimulante, alternando entre a navegação, os levantamentos hidrográficos das costas e as explorações em terra, foi, na minha opinião, intelectualmente decisivo para a sua descoberta.

Na altura, estava a escrever o manuscrito do College de Neptune, a história de uma das primeiras "*Escolas Navais*" criadas em Ales, nas Cevennes, antes da Revolução, ao mesmo tempo que pesquisava documentos sobre os oficiais do H.MS. "*Os oficiais do Beagle, e* em particular informações sobre o seu comandante. Em 1860, promovido a almirante, Robert FitzRoy tinha-se afastado de Charles Darwin, que era inconciliável com este seguidor rigoroso dos textos bíblicos. No entanto, paradoxalmente a esta atitude fundamentalista exacerbada pelo rígido exercício do comando, tornara-se um brilhante meteorologista e seria o iniciador das primeiras previsões meteorológicas (1861), bem como o inventor de um código de sinais cónicos para avisar os navios das tempestades.

---

4 Charles Darwin, *Le journal de bord du voyage du Beagle (1831-1836)*, precedido por Patrick Tort com a colaboração de Claude Rouquette, edições Slatkine et Champion, 2011.

Nesta qualidade, manteve correspondência com oficiais da marinha francesa e com a Academie des Sciences, cartas que tivemos de encontrar para apoiar os nossos argumentos no prefácio do diário de bordo de Charles Darwin... O estudo pormenorizado das suas cartas revelou-me o método de exploração do jovem cientista-naturalista, que ele realizava no mar e em terra, preenchendo cadernos e recorrendo à pequena biblioteca do navio. Inspirado na sua abordagem, após cerca de quinze anos de desenvolvimento e de observações no terreno, o nosso método de análise de processos evolutivos complexos começava a dar frutos. Pensámos que seria uma boa ideia consolidar as nossas investigações de campo no quadro atraente da tradição naturalista, sem abandonar o rigor científico exigido pela minha abordagem, que tirava partido dos avanços das disciplinas científicas, e publicá-las sob a forma de uma sequela naturalista, "*A Evolução Biológica e as Transformações da Civilização*", em quatro volumes, acompanhada de três ensaios, incluindo um ensaio suplementar sobre "*Baixas Energias Biológicas*" para explicar passagens do presente volume. Seguir-se-á um ensaio sobre "*A Humanidade Desarticulada*", recapitulação essencial das minhas longas investigações, antes de escrever uma síntese final sobre os processos evolutivos complexos, uma espécie de "*Sétima Corda*" para declarar as notas de uma partitura necessariamente inacabada.

O volume consagrado ao castor de Cevennes permitiu-nos trabalhar a modelização e a assimilação dos dados de um caso provável de especiação, propondo a noção fundamental de **"adaptabilidade"** resultante do carácter altamente não linear dos processos evolutivos complexos e, sobretudo, ousar integrar o conceito de efeito de inversão com a prudência habitual. Um poderoso agente de revolução na espécie humana, enquanto indicador singular da inversão de tendência, dos instintos sociais para a Civilização, representado até hoje de forma teórica e didática pelo anel de Mobius. Uma torção fundamental derivada da topologia, na qual foi necessário inspirar-se para conceber um modelo mais operacional destinado a explorar e comparar os instintos de sociabilidade das espécies estudadas, dos anfíbios aos roedores e aos primatas, para compreender a humanidade civilizada.

Nesta fase da nossa investigação sobre processos evolutivos complexos, descrita no Apêndice 1, dispúnhamos de um cursor estocástico para sondar a evolução biológica de uma espécie, a fim de fazer cortes transversais e observar à lupa as zonas de divergência filogenética dos mamíferos e, neste caso, dos anfíbios...

Finalmente, ia utilizar o poderoso efeito de inversão opërator com as suas rërivëes rëvëlatrices que tendem, através da orientação singular dos instintos sociais dos Primatas, a libertar-se da sëlection natural atravessando aquele Rubicão, tão original e exclusivo, com que os Homininos acedem à civilização. O objetivo desta experiência foi analisar as pistas que conduzem aos primórdios dos instintos sociais, que se tornaram culturalmente eficazes e excepcionais para o ramo dos hominídeos, mas que preexistem no mundo animal em diferentes níveis de expressão do seu comportamento individual e coletivo. Níveis de cooperação e de sociabilidade que foi necessário identificar e estimar para cada espécie estudada: dos Anfíbios aos Mamíferos, dos Roedores aos Primatas, recuando até às origens da Humanidade, na companhia dos Lemurianos de Madagáscar.

As observações, demasiado raras, do patins-dos-Pirinéus permitiram colocar novas questões sobre a variabilidade biológica desta espécie face aos numerosos constrangimentos selectivos naturais e antropogénicos que se aplicam a diferentes altitudes. Foi também uma oportunidade para apresentar os primeiros termos dos fundamentos de um comportamento aparentemente sociável, saindo das armadilhas da sociobiologia, obcecada pela continuidade, pela influência dos genes nos indivíduos e pela sua presumível influência na população de uma espécie.

Em primeiro lugar, foi necessário identificar as condições iniciais para a revolução do Euprote, remontando às origens de uma espécie com uma linhagem antiga que sofre uma metamorfose no decurso da sua ontogénese, em função das condições ambientais em altitude, e que tem também a capacidade de regenerar os seus órgãos, que são incidentalmente mutilados.

Para utilizar o método para analisar, modelizar e simular processos evolutivos complexos, tive de registar no terreno um certo número de parâmetros a incluir na relação darwiniana entre variações aleatórias e constrangimentos selectivos, a fim de estabelecer coeficientes de adaptabilidade actualizados. Enquanto as observações de ***Castor fiber*** prosseguiam nas Cevennes, em 2009 voltámos ao maciço dos Pirenéus para realizar novos levantamentos de Euproctes.

As últimas viagens à volta do mundo, finalmente acompanhadas pela minha mulher, levaram-nos dos Himalaias a Madagáscar, para finalmente realizar, na companhia dos Lemurianos, este regresso indispensável às origens da Humanidade, para tentar responder às questões vitais que se colocam sobre o futuro da civilização, das espécies e do seu ambiente. É este o nosso objetivo na suite naturalista e nos nossos ensaios sobre os processos evolutivos complexos, nomeadamente neste volume dedicado ao papagaio-do-mar dos Pirinéus.

No capítulo I, devemos centrar-nos na orogenia do maciço dos Pirenéus, cuja formação nos fornece informações sobre a sua geologia atual e as diferentes alterações que afectaram a vida dos organismos vivos, a flora e a fauna, e os homens e mulheres que povoam os Pirenéus. A biogeografia e a história deste território estarão muito dependentes destas formações geológicas, que introduziram uma fronteira natural entre Espanha e França.

Esta base geológica e o clima moldaram a paisagem de alta montanha, que é a fonte das tradições e costumes de cada vale e da vida socioeconómica dos montanheses que moldaram as paisagens pirenaicas de hoje. No entanto, as alterações climáticas e ecológicas estão a acelerar, à medida que as actividades humanas interagem de forma sub-reptícia, incluindo nas zonas húmidas onde os Euproctes vivem discretamente.

No capítulo II, descrevemos o vale de Moudang, um local majestoso rodeado de picos, ainda preservado da atividade humana invasora, cujo impacto é visível à medida que subimos do vale de Aure em direção à reserva natural de Neouvielle. A reserva de caça e de pastoreio de Granges du Moudang, nas proximidades, banhada pelo rio Neste, é um local ideal para estudar a revolução das espécies que vivem em contacto com uma civilização pastoril que deixou a sua marca na paisagem (Dendaletche, 1982). Ao percorrermos os caminhos pedregosos ao lado do Neste, parando à beira de um riacho, descobrimos os Euproctes. Uma salamandra aquática com um vasto leque de capacidades, capaz de se desenvolver e metamorfosear em resposta à temperatura e à altitude, e de regenerar um órgão no ambiente agreste dos vales profundos dos altos picos que rodeiam os celeiros de Moudang.

No capítulo III, elaboramos um bilhete de identidade para a serpente dos Pirinéus, **Calotriton** *asper asper,* que designamos por serpente na nossa apresentação. Esta espécie, muito comum nos pequenos cursos de água, nem sempre chama a atenção dos caminhantes. Com apenas alguns centímetros de tamanho, este anfíbio passa grande parte do seu tempo na água, abrigado da luz sob pedras. A sua morfologia, fisiologia e reprodução atraíram a atenção dos investigadores, que o observam na natureza em altitude ou no laboratório subterrâneo do CNRS em Moulis. Depois de descrever a revolução dos lissamfíbios e a filogenia dos Urodeles, mencionaremos as principais características do Euproctus, detendo-nos na sua embriogénese, metamorfose e regeneração. Observando atentamente pequenos grupos de Euproctes nos seus aquários, revelaremos os seus instintos colectivos...

Durante a redação deste capítulo, fui confrontado com a respiração cutânea, predominante no euproctus, o que me levou a escrever o ensaio sobre as *"energias biológicas baixas"*. A priori, as células da pele do Euproctus beneficiariam de uma autonomia respiratória localizada para trocar dioxigénio e dióxido de carbono diretamente com o seu ambiente aquático. Não podia avançar sem tentar compreender o que se passava com as células da pele do euproctus submetidas a temperaturas muito baixas durante a hibernação.

No capítulo IV, abordaremos as metamorfoses que afectam os anfíbios, os anuros e os urodelos. Entre estes últimos, os Euproctes têm a capacidade de passar do estado larvar ao estado adulto, através desta transição que permite aos anfíbios, mas também a outras espécies animais, assegurar a passagem entre dois ambientes, aquático e terrestre para uns, aéreo para outros. Recorrendo a uma abordagem modelar, recuaremos às bifurcações mais ancestrais para explorar a transição divergente do meio aquático para o meio terrestre. Os processos de desenvolvimento embrionário, bem como a metamorfose e a regeneração, estão na vanguarda da investigação em genética celular.

No capítulo V, vamos deter-nos no rёдёпёгайоп, um certo número de organismos possue a possiM^ de тедё^^ os seus órgãos, oportunidade que é muito reduzida nos animais superiores e no ser humano em particular. É fácil compreender porque é que a investigação neste domínio é tão importante, para encontrar aplicações capazes de responder à gravidade de certas patologias, como feridas, queimaduras e danos causados às células por radiações e quimioterapia. Se não for para reparar as aerações das células nervosas e os danos oculares, por exemplo, podemos esperar um dia contrariar o desenvolvimento anárquico das células? Mais uma vez, como naturalista, faço mais perguntas do que respondo.

No Capítulo VI, depois de trabalhar^ os modёles de abordagem e de teste, para tentar compreender os aspectos filogёnicos e ontogёnicos, depois os da mёtamorfose e da redё^^ celular, as nossas observações permitiram-nos refletir sobre as primeiras transições dos instintos sociais para uma forma do que convenientemente se chama uma proto-cultura. Utilizando o conceito de efeito de reversão, este opёerador revela-se muito útil como referência dos fundamentos da Civilização da Humanidade, em relação à tendência dos animais para se associarem instintivamente em agrupamentos organizados. Observámos atentamente um "grupo de caça" numa lagoa de Euproctes, para começarmos a perceber num grupo, essa transição precoce dos instintos sociais, que, de fagon exclusivo no ser humano se exprimiu pela civilização, de que tёmoignente a presença dos celeiros de Moudang, uma cultura de alta montanha.

Em jeito de conclusão, comentaremos a involução biológica e os primórdios da civilização, descrevendo uma proto-organização que está a emergir, muito distante, mas pré-existente nos Euproctes, numa associação ainda casual que se vai determinando no jogo incessante das variações de uma espécie em contacto com os sёvёres constrangimentos do seu ambiente, muito mutável em altitude, desde os valores aos cumes dos Pirinéus.

A teoria de Charles Darwin encontra a sua verdadeira ressonância na nossa abordagem exploratória. Na base do seu conceito, foi a geologia que preocupou o jovem cientista nos seus inícios a bordo do H.M.S. *"Beagle"* na companhia dos seus colegas oficiais hidrográficos. Ao efetuar levantamentos junto às costas, foi através da descoberta de fósseis, que se diferenciavam nos vários estratos geológicos, que tomou consciência da dimensão espacial e temporal do processo evolutivo. Depois, no decurso dos seus períodos de navegação, que alternavam com explorações cada vez mais longas em terra, Charles Darwin, como naturalista muito experiente, apercebeu-se de que eram as mudanças nos ambientes naturais (paisagens, climas, recursos) que eram tão diferentes umas das outras, São as alterações dos ambientes naturais (paisagens, climas, recursos), tão diferentes entre si, que afectam o estado das plantas e a variabilidade dos animais, na ilha das codornizes, na ilha dos ratos, nas ilhas Falkland (Atlântico) e, finalmente, nas ilhas Galápagos (Pacífico). Padrões evolutivos que ele também viu afetar o modo de vida dos homens e mulheres que responderam às vicissitudes da natureza na Patagónia e na Terra do Fogo.

Estes foram os primórdios da sua ideia, que discutiu com o Capitão FitzRoy durante a subida do Santa-Cruz e a bordo do H.M.S. *"Beagle"*. Foi através da compreensão da capacidade dos animais se adaptarem ao seu meio ambiente, mas sobretudo de Thuman^ para se oporem individual e coletivamente, através do jogo da cooperação, aos mais agudos constrangimentos selectivos, OBSERVADOS durante a sua viagem e sobre os quais reflectiu longamente em Down-House.

Charles Darwin juntou tardiamente a sua teoria da Involução à da civilização quando escreveu *"A Origem das Espécies por Seleção Natural"* (1859), o que levou à publicação de *"A Ascendência do Homem"* (1972), ano em que o H.M.S. *"Beagle"* foi destruído...

Recorrendo à mediação de processos evolutivos complexos aplicados à teoria darwiniana da *"Evolução Biológica e as Transformações da Civilização"*, minuciosamente justificada por Patrick Tort, podemos sondar o passado para melhor compreender o presente, de modo a simular as trajectórias prováveis das espécies. Teremos a sabedoria de nos determos sobre a vida que nos rodeia e de nos integrarmos inteligentemente nas efémeras coerências vitais das espécies, para apreendermos imperativamente o carácter estocástico da sua adaptabilidade, onde se conjugam a alea e o acaso, módulos hoje gravemente perturbados pelas nossas actividades socioeconómicas?

São estes padrões e ritmos que determinam o futuro da Civilização, a revolução da Humanidade e a sobrevivência das espécies e dos seus ambientes, que explorámos durante as nossas escalas nos Pirinéus, para nos encontrarmos com os Euproctes no vale de Moudang.

Capítulo I

Elementos de geologia e biogeografia, história, tradições e costumes, civilização dos Pirinéus.

Durante a sua viagem no H.M.S. "*Beagle*" (1831-1836), o naturalista Charles Darwin era um geólogo experiente, muito apreciado pelos oficiais hidrográficos deste pequeno barco de três mastros, encarregado de fazer o levantamento das costas da América do Sul. O jovem naturalista interessou-se pela formação do granito "fundamental" e pela geologia das ilhas que explorou, até aos picos dos Andes... Durante a sua estadia nas ilhas que revelaram os primórdios da sua teoria, **"da Ile aux Cailles às Ilhas Galápagos",** como geólogo exímio, recolheu amostras de rochas muito úteis para a reconstituição da linha de costa, para a qual era importante conhecer a natureza do fundo marinho a fim de o incluir nas cartas náuticas. A Marinha Real queria ancorar os seus navios num local seguro, para que pudessem lançar as suas âncoras ao fundo, sem se desviarem para a costa, evitando que se prendessem perigosamente num rochedo, ou optar por desembarcar num porto sem rasgar a quilha e evitar o naufrágio ao aproximarem-se de terra. Foi esta a missão inicial de Charles Darwin com os hidrógrafos do H.M.S. "*Beagle*". Ao sondar as costas da América do Sul, ele se estabeleceu como um naturalista experiente, e essas sondagens lhe deram a oportunidade de rastrear as origens de várias espécies cujos fósseis ele descobriu com seus companheiros de navio, que ficaram maravilhados com seus achados enterrados nos estratos de diferentes eras geológicas. Ao comparar as plantas e os animais dos lugares muito diferentes das regiões que explorou do Atlântico ao Pacífico, apercebeu-se das variações causadas pelos diferentes perfis geológicos e relevos, que, juntamente com as alterações climáticas em cada latitude e longitude, afectaram o comportamento dos animais que descobriu e os hábitos das pessoas que encontrou. O naturalista observou as mudanças nos ambientes naturais da Patagónia, tal como o fez nas isoladas colónias inglesas e no contacto com os "selvagens", notando as condições de vida dos colonos espanhóis e dos ameríndios em constante revolução, que comparou com as dos miseráveis habitantes das cidades florescentes da Austrália. Em 1842, em "*His pencil sketch of his theory of species*", sublinhou que a geologia e o clima, através das suas alterações, influenciam a variação das espécies e dedicou um capítulo à :

"Evidências da geologia e da distribuição geográfica das espécies vegetais e animais".
Tendo em conta a sua abordagem exploratória, para qualquer estudo sobre a evolução de uma espécie, como é o caso do Euproctus, tive de descrever a formação e a geologia dos Pirinéus. Em seguida, abordaremos a flora e a fauna destas montanhas, antes de traçar o cenário geográfico, histórico e de costumes deste centro tradicional da civilização pirenaica, descrito em pormenor por Claude Dendaletche nos seus cadernos de naturalista, que orientaram as nossas primeiras investigações no vale de Moudang. Fazemos uma breve resenha da formação do maciço dos I Itiutes-Pvrenees para destacar as principais características geológicas que influenciaram a evolução das espécies endémicas e influenciaram as actividades socioeconómicas desta região. Estas condicionantes antropogénicas juntaram-se às pressões selectivas naturais dos rigores do clima de altitude, estabelecendo uma interação recíproca entre a natureza e os habitantes da montanha, cujo estudo mereceu algumas semanas neste maciço para explorar o vale

superior do Aure em direção às montanhas de Moudang.

3. Os Pirinéus, no vale de Aure.

A formação da cadeia montanhosa dos Pirinéus começou há cerca de 600 milhões de anos, no Pré-Cambriano, quando sucessivos abalos durante a orogenia do maciço levaram à formação dos picos da fronteira franco-espanhola a partir de rochas sedimentares e metamórficas, que mais tarde se tornaram a base da vida vegetal e animal. Posteriormente, a atividade humana passou para a pastorícia e a agricultura, seguida do artesanato e depois da indústria e do turismo. Este território foi reelaborado desde a pré-história até aos nossos dias, modificando significativamente os condicionalismos naturais selectivos nas diferentes altitudes.

Os depósitos mais antigos datam do Ordovícico (há 500 milhões de anos), e os calcários devonianos contêm fósseis de corais e organismos que testemunham o início da formação marítima dos Pirinéus: um mar pouco profundo com um maciço de corais sobre o qual se sobrepuseram plantas e sedimentos, formando os carvões do Carbonífero Superior. O dobramento hercínico, que se desenvolveu sobre estas formações calcárias coralinas até ao Carbonífero Inferior, modificou o relevo e a paisagem. Como parte do processo metamórfico, encontramos o granito fundamental que preocupou Charles Darwin, que sofreu compressão e altas temperaturas até dar origem ao xisto e ao mármore, extraídos no vale do Aure.

A primeira dobragem da cadeia pirenaica ocorreu há cerca de trezentos milhões de anos, durante o Permiano, o relevo era mais elevado do que é hoje e sofreu uma forte erosão, que arrastou materiais e perturbou a paisagem ao escavar trincheiras que se encheram de rocha. O vulcanismo, por sua vez, trouxe a sua quota-parte de fluxos de lava e depósitos de cinzas.

Os gres vermelhos caracterizam esta sedimentação devido à oxidação dos minerais ferruginosos sob o efeito de um clima então quente e húmido.

"O ferro e os seus óxidos férricos e ferrosos derivados serão um dos potenciais bioquímicos favoráveis à origem da vida e à revolução das espécies".

Constatámos a presença de ferro nos cursos de água onde vivem os Euproctes, e dedicámos o Apêndice 5 a justificar a sua sobrevivência neste excesso de ferro, discutido em vários capítulos. [5]No Jurássico, as dolomitas formaram-se na base retrabalhada de lamas calcárias em contacto com água carregada de magnésio, um mineral potencial para

---

5 Esta rocha sedimentar carbonatada é composta por dolomite que contém metais que podem ser produzidos por bactérias em condições praticamente sem oxigénio a baixas temperaturas.

curas termais.

O Cretáceo Inferior foi um período geológico de sedimentação, durante o qual a cadeia hercínica se tornou muito mais pequena. No Cretáceo Superior (-100 milhões de anos atrás), as plataformas ibérica e aquitânica ainda estavam separadas por um espaço marítimo; depois de se afastarem, as placas aproximaram-se ao longo do Eocénico. No Paleoceno e no Oligoceno, o soerguimento deu origem aos Pirinéus e a erosão invadiu e moldou o litoral, os deltas e os rios. No Mioceno (há 20 milhões de anos), os rios arrastaram massas de seixos, arenitos e calcários, formando camadas. No Quaternário, os glaciares e a erosão hídrica moldaram vales como o Moudang, acentuando o isolamento dos anfíbios, sujeitos a fortes constrangimentos selectivos naturais durante os períodos glaciares e interglaciares.

Atualmente, os Pirenéus cobrem uma superfície de cerca de 55 000 quilómetros quadrados, dois terços dos quais em território espanhol, e têm entre noventa e cento e quarenta quilómetros de largura e quatrocentos e trinta e cinco quilómetros de comprimento. A França estende-se ao longo da face norte, alta e estreita, do maciço dos Pirinéus. O mapa geológico deste território montanhoso mostra-nos uma faixa de rochas graníticas primárias, desde o Mediterrâneo até ao Pic d'Anie, que se estende até ao País Basco. Estes dois sistemas homólogos são rodeados a norte e a sul por rochas sedimentares, e os Pirinéus caracterizam-se por numerosas dobras, um conjunto de dobras fragmentadas de rochas duras ou moles, arqueanas e sedimentares. À frente do Pic du Marbore (3 248 metros) e do Vignemale (3 298 metros), no prolongamento do anticlinal da Maladeta, o maciço granítico de Neouvielle (3 092 metros) estende-se entre o vale de Aure e o Gave de Pau. A face dos Pirinéus é uma série de encostas, cortadas por vales perpendiculares que as delimitam e separadas por portos abaixo dos cumes. Durante séculos, a única forma de chegar a estes portos fronteiriços era através de um caminho de mulas, marcado por contrabandistas, fluxos migratórios e exércitos invasores.

Enquanto em Espanha o clima é seco, em França é mais moderado e húmido. Nos Hautes-Pyrénées, a pluviosidade é elevada de abril a junho e de outubro a novembro, e a zona de Neouvielle é muito húmida. Perto dos picos fronteiriços, as flutuações climáticas são frequentes, com nevoeiros e névoas frias, vento e chuva a sucederem-se, enquanto a cobertura de neve é significativa e persiste até aos três mil metros, dando origem à presença de neve no verão.

A precipitação sazonal, a fusão da neve e os glaciares dos Pirenéus têm uma forte influência no caudal dos rios de altitude. As águas límpidas dos rios Nestes e Gaves nascem das saliências das falésias, descendo em cascata pelos afloramentos rochosos. Os rios tumultuosos descem por uma sucessão de gargantas profundas e vales sinuosos, fluindo em direção à planície onde se juntam nos rios Garonne e Adour.

Esta fronteira geológica, traçada ao longo dos séculos, foi determinada por migrações, conflitos e invasões, e pelo movimento de animais, gado, aldeões e suas equipas carregadas de matérias-primas e géneros alimentícios através dos desfiladeiros. Nas cavidades destas montanhas, os vales, lugares de sedentarismo, de trocas e de passagem, vão adquirir as suas identidades linguísticas, adquirindo tradições camponesas e uma cultura particular de alta montanha, costumes que vão mudar com a exploração industrial das minas de madeira, de carvão, de ferro e de cobre. Entraram na era moderna com o desenvolvimento da hulha branca, das termas e do turismo de inverno, com o esqui e as caminhadas no verão. Atualmente, as tradições seculares, cujos vestígios ainda se fazem sentir, enfrentam um confronto inevitável com os desafios incertos da globalização, pontuados pelos avanços das novas tecnologias.

Desde a pré-história que os povos decoram as grutas destas montanhas, e estes primeiros vestígios de civilização marcam o início de uma história que se prolonga de vale em vale, sofrendo influências territoriais e marítimas ao sabor dos caprichos de quem dominou estas montanhas ao longo dos séculos.

A pré-história dos Pirinéus conta a história das populações humanas e animais e, mais discretamente, a das salamandras e dos Euproctes em particular. A maior parte dos principais sítios rupestres ornamentados situam-se no Ariege, em Niaux, Bedeilhac, Labouiche, Mas d'Azil e Gargas, cujos nomes evocam a presença do homem e, em certa medida, dos Euproctes, no sopé dos Pirenéus. A humanidade deixou a sua marca nas paredes das grutas com gravuras de animais, arte rupestre assinada com as suas mãos na rocha da gruta de Niaux. Quanto ao Euproct, arrastado pelo fluxo tumultuoso dos cursos de água de grande altitude, encontrou refúgio nos rios subterrâneos de baixa altitude. A sua representação artística limita-se a uma salamandra esculpida em chifre de rena, encontrada numa gruta de Laugerie Basse, na Dordogne....

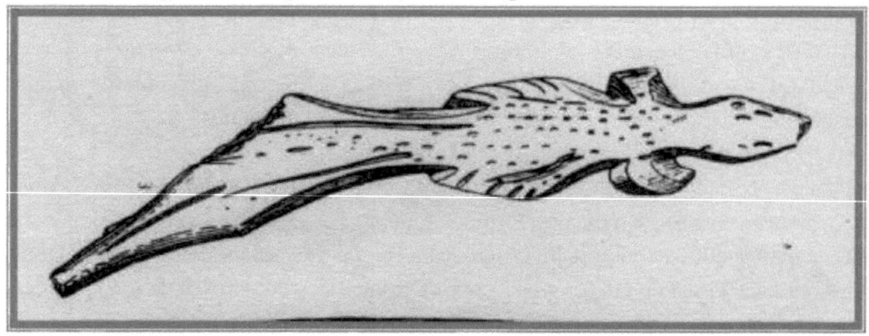

**4.   Salamandra esculpida em chifre de rena, Laugerie Basse.
Les Eyzies-de-Tayac, Dordogne.**

Visitámos uma parte da gruta de Niaux aberta ao público. Com quatro quilómetros de comprimento, este monumento pré-histórico é constituído pela famosa sala negra, decorada com desenhos e gravuras a traço negro combinados com mobiliário. Numa outra galeria, que não está aberta ao público, pegadas humanas e pinturas parietais dão-nos uma ideia da fauna que os seus ocupantes caçavam: manadas de cavalos e bisontes e, excecionalmente, um mustelídeo. Os paleontólogos dizem-nos que os humanos ocuparam estes vales depois do Paleolítico Superior, durante o período Magdaleniano, entre 17.000 e 12.000 anos a.C., depois de o período glaciar Wurm III-IV ter limitado a sua presença a altitudes mais elevadas. A sala negra, situada no final da galeria de entrada, deve ter sido utilizada com frequência e existem vestígios dessa presença humana: as lareiras contêm ossos queimados e o chão está repleto de utensílios de sílex, incluindo uma agulha de osso fino utilizada para coser peças de vestuário em pele de animal. Os desenhos e gravuras mostram que o bisonte é a espécie mais representada, seguida do cavalo, do íbex e do veado. Gravuras em barro completam o bestiário, que inclui um auroque, um rinoceronte e um salmonídeo, mas nenhuma salamandra. Perto da galeria profunda, as crianças deixaram as suas pegadas... Centenas de pegadas e restos de tochas na rede René Clastres mostram-nos o caminho percorrido pelos artistas que desenharam e gravaram os animais do período Magdaleniano Médio há cerca de 8000 anos.

O rio subterrâneo de Labouiche, perto de Foix, pode ser atravessado de barco numa distância de dois quilómetros e meio. Em 1961, foram aí descobertos Euproctes, que vivem também em duas outras grutas, no Ariege, na gruta de Siech (600 metros), e num outro refúgio subterrâneo nos Pirinéus Atlânticos, no Col del Boruch. A altitude de Labouiche é de apenas 440 metros, e o caracol não se encontra nos cursos de água das montanhas circundantes, tendo sido arrastado pelas águas torrenciais, ficando certamente preso e isolado nesta gruta. Tornou-se cavernícola e apresenta várias modificações, a sua pele despigmentada tem um aspeto baço sem a coloração amarela da linha dorsal, a este respeito, voltaremos ao papel dos pigmentos coloridos das células cutâneas do Euproctus adulto. O seu tamanho é menor do que os de altitude e, entre outras alterações fisiológicas, a sua reprodução parece ser afetada por este estilo de vida subterrâneo, embora estas características sejam reversíveis.

A gruta de Mas d'Azil é um túnel escavado pelo rio Arize, com um enorme alpendre que dá acesso a numerosas galerias decoradas com pinturas e gravuras paleolíticas, e é também povoada por uma numerosa fauna cavernícola, embora o Euproctus não seja mencionado neste sítio. Na margem direita, encontram-se vestígios neolíticos, proto-históricos e históricos (sepulcros); abaixo da primeira camada, um substrato continha uma fauna abundante e bem identificada: **Ursus** *spelcus*, **Felis** *speleos*, **Hyena** *speloa*, **Elephas** *primigenius*, **Rinoceros** *Tichornus*. Os vestígios de indústria são atribuídos ao Aurignaciano e são muito significativos para o Magdaleniano encontrado na margem esquerda. Evidência de uma cultura que utilizava chifres de veado para fabricar arpões e assegais, chegando mesmo a marcar a sua presença pintando este chifre em seixos.

Nos Pirenéus, a arte parietal privilegiou a fauna, à qual se juntam figuras antropomórficas e sinais abstractos ritualizados sob diversas formas (farpas, linhas, pontos isolados, linhas de pontos, grupos de pontos e de linhas, cúpulas) que revelam um progresso cultural. Estas abstracções foram retiradas do meio natural e são os vestígios de uma civilização já avançada, implantada no sopé do maciço pirenaico.

Entre os animais habitualmente encontrados nas grutas pirenaicas encontram-se bisontes e cavalos, alguns íbex, veados, um bovídeo e, ocasionalmente, um Isard, o que indicaria caçadas ocasionais nas montanhas ou assentamentos episódicos a altitudes mais elevadas, ligados a um clima pós-glaciar mais temperado.

A história dos Pirinéus não termina com a história romântica do famoso desfiladeiro de Roncesvalles na Canção de Roland, mas está escrita em cada vale, fixada na arquitetura urbana das cidades mercantis e nas habitações rurais das aldeias de montanha. As paisagens traçam as páginas da história e das tradições seculares inscritas em cada um destes vales, uma cultura de montanha, cada vez mais modelada pela marca uniforme da modernidade sem 6^Përe que se desenvolveu em poucos siclos. Nestes enclaves viviam montanheses como os Campons, Onosubates e Crebennes até à ocupação romana, que se apropriou dos recursos dos vales, usando e abusando das águas minerais e dos recursos da terra para depois deixar os visigodos e os francos ocuparem este território. O conde de Bigorre mudou frequentemente de casa entre os séculos XI e XIII, e Joana de Navarra tomou posse do território antes de este passar a fazer parte do domínio real francês em 1322, com Carlos IV. A província foi dedicada ao conde de Foix e o departamento dos Altos Pirinéus foi fundado em 4 de março de 1790. Hoje em dia, o passado e o presente tentam complementar-se para manter a população ativa. Nos anos 20, a população rondava um milhão de habitantes e os Hautes-Pyrénées tendiam a despovoar-se a favor das cidades. Os habitantes das aldeias dispersas ao longo dos vales e dos cursos de água permaneceram durante muito tempo isolados, formando cantões com as suas próprias organizações socioeconómicas e usos e costumes específicos. Os trilhos ligavam estes territórios naturais e estas tradições em mosaico cruzavam-se e encontravam-se nos mercados das principais cidades, como em Arreau, para vender os produtos e o gado na presença do showman do urso.

5. Um rebanho de ovelhas a pastar em altitude.

No vale do Aure, a agricultura foi implantada em pequenas parcelas de terra, inicialmente para satisfazer as necessidades básicas da família e, na melhor das hipóteses, consoante a severidade do clima, os excedentes eram vendidos no mercado.

A altitude, as geadas, a neve e o granizo limitavam o número de plantas cultiváveis, como as batatas. Apenas uma pequena variedade de legumes - nabos, ervilhas e feijões - e alguns cereais (centeio, aveia, trigo sarraceno e trigo) alimentavam as famílias. Além disso, os porcos serão criados a partir de desperdícios alimentares e abatidos em cada exploração, e o mel colhido fornecerá açúcar e cera de abelha, suficiente para iluminar a casa. Estas culturas e a criação de gado bovino e ovino exigirão instalações de aproveitamento de água. Canalizada, a água distribuída por uma rede de irrigação judiciosa abastecerá as hortas, os prados e os campos férteis para obter forragem para os longos meses de inverno que precedem a transumância para o vale de Moudang. Vacas, ovelhas, cavalos e burros marcavam a paisagem do vale de Aure até aos cumes mais altos que dominavam os celeiros de verão. As vacas serviam para lavrar, puxar carroças e arriar os longos abetos das montanhas, que serviam para os mastros dos navios, como mostra o documento de Henri Gautier, engenheiro de Nimes (1660-1737), sobre o trajeto das madeiras marítimas, que descrevemos nas nossas *"Memórias de mar, cevenoles"*.

"Des cartes particulierses de la vallee d'Aure enon^ant les forêts epuisees et celles que l'on doit ouvrir, les routes tant anciennes que celles que l'on a nouvellement projettees par lesquelles on doit conduire les mats et les porter ou on les mets en radeau avec la carte du courant de la Neste et de la Garonne".

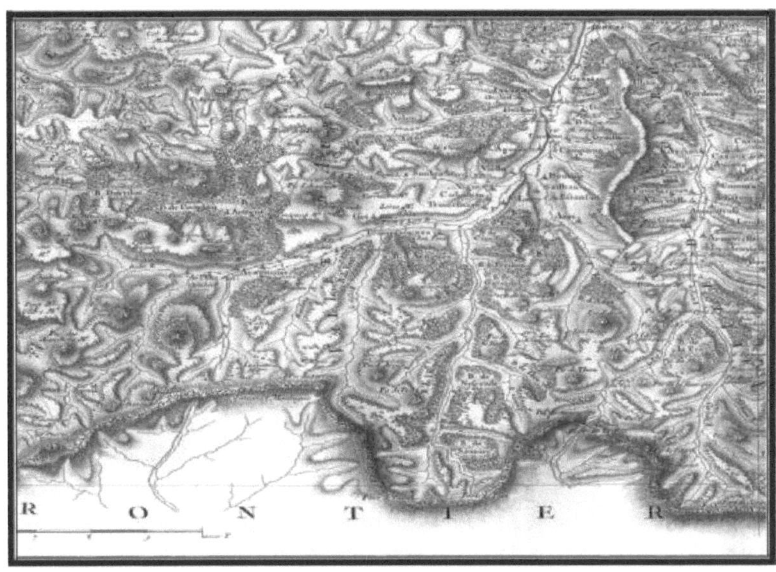

6. Extrato do mapa Cassini de Thury n°76/21F/Bourgoin, vallee d'Aure,
dos arquivos de Pau, Bearn, Pirinéus.

Para embarcar nos portos de Rochefort e Toulon. A madeira destinada à carpintaria e à marcenaria é uma fonte de rendimento importante, tal como a madeira destinada ao aquecimento e às forjas.

Os períodos glaciares deixaram marcas geológicas suficientemente profundas para acumular a água da precipitação, derretendo a neve e o gelo, formando lagos e ribeiros que foram habilmente canalizados para os moinhos. Este recurso hídrico natural foi depois aproveitado para alimentar centrais hidroeléctricas através de condutas. No final do século XIX, a utilização de velas e de candeeiros tradicionais de resina de pinho precedeu a utilização do petróleo, antes da chegada da iluminação eléctrica. A indústria hidroelétrica tomou conta da situação, canalizando as poderosas quedas de água para turbinas instaladas por empresas mineiras em Saint-Lary-Soulan. O lago d'Oule será aproveitado para fazer funcionar uma dezena de condutas forçadas até à aldeia de Eget, que será totalmente dedicada à produção de energia, enquanto a maior parte dos lagos de altitude - Cap de Long, Aumar, Auber e Oredon - serão equipados para utilizar a água quer para irrigação até Lannemezan, quer para a encaminhar para estas centrais hidroeléctricas. Esta energia permitirá à população local ter acesso à iluminação e desenvolver a indústria local, e as linhas ferroviárias serão electrificadas.

7. Fonte ferrugínea da Rainha.

Uma vez acessíveis, as termas do vale de Aure atraem um grande número de visitantes a Arreau, Cadeac-les-bains e Tramezaigues, onde são utilizadas as águas quentes e sulfurosas medicinais. Acima dos celeiros de Moudang, no vale de Courroux (1650 metros), as águas da nascente "Reine ferrugineuse" foram reconhecidas pelas suas propriedades curativas e a medicina interessou-se pela sua composição férrica, que se apresentava sob diversas formas, como o carbonato, o sulfato e o crenato, sob a forma de um sal protóxido algo sulfídrico, ao qual se deviam juntar alguns vestígios de iodo. A água transportada em garrafas perdia a agressividade do hidrogénio, deixando um composto ferruginoso sob a forma de um sal proto-óxido suficientemente salubre e inofensivo para tratar as anemias e as doenças que afectam a depleção do sangue...

Recolhemos estas preciosas informações porque os Euproctes vivem na fase larvar, ainda dotados de guelras, nas bacias muito ferruginosas alimentadas por estas nascentes e cascatas, com exceção da nascente da Rainha. Esta nascente é objeto de uma veneração mística marcada pela presença de uma Virgem e pela deposição frequente de alguns ramos de flores em agradecimento por curas milagrosas. Em linha reta, Lourdes está mesmo ao virar da esquina!

A água era boa não só para curar os humanos, mas também o gado, que os pastores tratavam a dois mil metros de distância com algumas compressas de água barrenta carregada de ferro, cujas partículas finas se depositam nas guelras e nos corpos dos Euproctes quando saturados, um problema de excesso de ferro que eu tinha de conhecer melhor.

A proteção e a regulamentação da vida selvagem são partilhadas entre o Parque Nacional e as reservas naturais de caça e de vida selvagem. O Parque Nacional dos Pirinéus gere a Reserva de Neouvielle, criada em 1936, um imponente maciço granítico pontuado por picos e lagos utilizados para a irrigação e a produção de eletricidade. A maior altitude, este é o domínio do pinheiro bravo, das charnecas e dos prados, que albergam uma fauna e uma flora inventariadas e estudadas por naturalistas atentos à evolução destes ecossistemas. O turismo de inverno e de verão implica uma elevada atividade humana que, paradoxalmente, deve controlar a sua expansão e favorecer o desenvolvimento socioeconómico, o que implica que as actividades de lazer como o esqui, as caminhadas e outras formas de recreio sejam acompanhadas de actividades de lazer ecológicas, que têm inevitavelmente um impacto no meio natural. Espécies como o Desman (**Galemys** *pyrenaicus*) e o Euproct (**Calotriton** *asper asper*) são preciosos indicadores biológicos que nos informam sobre a qualidade da água e o nível de poluição do ambiente das montanhas e dos vales dos Pirinéus, e do vale de Moudang em particular. Estas espécies contribuem para a manutenção de uma biodiversidade excecional, que observámos de forma revolucionária ao longo dos últimos anos durante as nossas escapadelas, entre os nossos cruzeiros extenuantes destinados a manter a paz.

Capítulo II

O vale de Moudang.

Depois destas gënëralitës essenciais nas montanhas dos Pirenéus, partimos para explorar os trilhos para caminhadas nos Pirenéus Ocidentais acima do vale de Aure, perto da reserva de Neouvielle, que é muito popular durante a época turística de verão. Optámos pela reserva de caça de Pont de Moudang, melhor para a observação de aves e facilmente acessível nas nossas caminhadas diárias a partir do parque de campismo que utilizámos como base. Aqui estamos nós, a sul de Lannemezan, nas encostas setentrionais dos Pirenéus, ao longo do vale do Aure, que ainda é baixo em direção a Arreau, mas que se eleva de Cadeac a Saint-Lary-Soulan. Saindo desta cidade, a estrada íngreme e sinuosa leva-nos de Tramezaigue a Eget, num local chamado Pont de Moudang (1100 metros). Acima do acolhedor parque de campismo municipal, o caminho pedregoso que conduz ao vale de Moudang pode ser explorado a pé numa distância de dez quilómetros. Este itinerário sobe o Neste du Moudang por um caminho largo que pára no planalto relvado dos celeiros de Moudang, após o que temos duas opções para contornar o Pic de la Hount:

-    Ou virar à direita a partir dos celeiros, seguindo o caminho estreito que corre ao longo do Neste du Moudang, conduzindo sob o Pic de Bataillance (2.604 metros) até ao porto de Hechempy, na fronteira espanhola.

-    Ou à esquerda, em direção oposta, para a nascente ferruginosa de Reine, em frente às antigas minas de ferro[6]Chega-se então ao porto de Moudang (2495 metros), a caminho de Espanha.

A reserva de caça de Moudang é um ecossistema de altitude muito dinâmico, mas também relativamente isolado, que coloca problemas reais de conservação dos meios naturais, da flora e da fauna selvagem, que se sobrepõem a uma grande presença humana sazonal, da primavera ao outono. As actividades pastoris, cinegéticas e turísticas têm lugar nesta zona de altas montanhas e vales profundos e atraentes. O número de caminhantes que se deslocam entre França e Espanha não é negligenciável, e as actividades pastoris e cinegéticas permitem, em pequena escala, integrar o impacto das actividades socioeconómicas para estudar a evolução das espécies. As observações naturalistas são um meio de descrever e medir o impacto sobre o biótopo de uma civilização regional que sofreu grandes transformações em poucos séculos. A vantagem deste sítio deu-nos a oportunidade de passar facilmente do montano para as elevações alpinas e nivais dos picos que rodeiam os celeiros de Moudang, a fim de observar as variações dos constrangimentos selectivos destas diferentes paisagens de altitude que interagem sobre os principais povoamentos e populações animais do vëgëtal. Nos nossos cadernos, registámos as espécies identificadas, bem como os constrangimentos seletivos naturais e os resultantes das atividades humanas, em comparação com os vividos de forma mais intensa nas zonas mais frequentadas das estâncias de esqui próximas de Piau-Engaly e Saint-Lary-Soulan, bem como em torno dos lagos muito frequentados da reserva natural de Neouvielle.

---

6 O minério de ferro dos Pirenéus era utilizado nos altos-fornos das forjas de Tamaris e de Besseges, no departamento de Gard, utilização que mencionamos nas nossas "Memórias de mar, cevéns".

8. *A caminho do vale de Moudang.*

Nessa altura, começava-se a tomar consciência da necessidade de proteger os ambientes naturais e de salvaguardar as espécies ameaçadas de extinção, ao mesmo tempo que surgiam problemas de poluição resultantes de grandes catástrofes tecnológicas de dimensão internacional, como as sucessivas marés negras que atingiram a costa da Bretanha (Amoco Cadiz, 1978), e os acidentes ocorridos nas indústrias química (Bophal, 1984) e nuclear (Chernobyl, 1986), com repercussões mundiais, para além das fronteiras nacionais.

A ecologia ganhava terreno junto do público, sensibilizado por estas catástrofes e pela difusão muito influente dos filmes sobre "*O Mundo Silencioso*" realizados pelo capitão Jacques-Yves Cousteau e pela sua equipa de mergulhadores a bordo do "*La Calypso*", que encontrávamos frequentemente ancorados em Djibuti e na baía de Diego-Suarez, em Madagáscar. Jacques-Yves Cousteau (1910-1997) entrou para a Escola Naval em 1930 e serviu no cruzador Primauguet, no cruzador *Suffren* e no cruzador de caça-minas *Pluton*. Depois do cruzador "*Dupleix*", aquando da Libertação, foi destacado para o centro de investigação subaquática, tendo sido um dos inventores do regulador Cousteau-Gagnan e o criador de numerosos equipamentos de mergulho e de filmagem subaquática. Como Tenente-Comandante destacado da Marinha Francesa, ele e a sua mulher, verdadeiros mestres da tripulação e dos mergulhadores, dedicam a equipa Cousteau à exploração cinematográfica submarina a bordo do "*Calypso*" e do "*Alcyone*". O Capitão Cousteau afirmou-se como defensor da ecologia dos oceanos, cineasta das profundezas e escritor do mar, tendo sido admitido na Academia Francesa (1988). O seu navio "*La Calypso*", um antigo caça-minas da Marinha Real construído em 1942, foi transformado num navio de exploração oceanográfica. Voltámos a vê-lo a nadar numa doca em Marselha (1989) e depois em Concarneau, em 2015, restaurado ao seu estado original para ser reparado num estaleiro naval. Esperamos que ele possa regressar ao mar após a sua problemática renovação, para preservar a memória desta epopeia marítima e encorajar as jovens gerações a prosseguir a investigação científica nos mares e nos continentes.

A partir dos acontecimentos de 1968, num contexto de regresso à natureza promovido pelos movimentos sociais e de tomada de consciência dos problemas de poluição agravados pelos grandes acidentes tecnológicos, a nascente ideologia ambientalista foi claramente politizada pela ação do agrónomo Ren? Dumont. O aventureiro Nicolas Hulot, que era procurado como político, viria a tornar-se Ministro do Ambiente de França. Ministro do Ambiente (2017), pouco considerado, vai seguir em frente. Esta fachada de militante e de bom tempo não deve ocultar a investigação aprofundada levada a cabo por cientistas de várias especialidades, cujas teses e publicações são pouco conhecidas do público, que há muito alertam para os efeitos das alterações climáticas e para os danos irreversíveis que estas provocam na biodiversidade.

Em 1994, François Ramade publicou um dicionário enciclopédico de ecologia que abriu os estudos do ambiente aos estudantes, alargando o ensino das Ciências da Vida e da Terra, que incluía timidamente as Ciências da Evolução, uma teoria ainda em crise de reconhecimento quanto às suas verdadeiras dimensões biológicas e civilizacionais... No entanto, desde 1989, em *"Les societes et leurs natures"*, o antropólogo Georges Guille-Escuret questiona a divisão entre ecologia e etnologia, mostrando as dificuldades de estudar as interacções entre as sociedades e o seu ambiente. Desde o nosso encontro no colóquio sobre o darwinismo e a sociedade, e algumas trocas de impressões demasiado breves antes do seu falecimento, conservo à mão e disponível para leitura o seu notável livro sobre *"Le décalage humain"* (Kime, 1994), que descreve a emergência irreversível do facto social na evolução da espécie humana.

Se a nossa abordagem foi influenciada por esta mudança de mentalidade em relação ao ambiente e pelo exercício quotidiano da profissão de prevenção de riscos, passou a ser a de um naturalista evolucionista, iluminado pela leitura de Ernst Mayr, Konrad Lorentz, Stephen Jay Gould, Jean Chaline e Claude Devillers, mas foi o encontro final com Patrick Tort que me fez tomar consciência da extensão da obra de Charles Darwin, que eu desconhecia. Por outro lado, as minhas crescentes responsabilidades no domínio da segurança e do ambiente nos serviços da Defesa Nacional e da Proteção Civil levaram-me a confrontar as realidades no terreno em prol de uma teoria da evolução que registava tantos avanços científicos como incompreensões sobre o real alcance da sua extensão antropológica através do seu notório contributo para a Civilização. Estava ainda demasiado marcado pela sociobiologia e por um darwinismo social latente, bem como por persistentes ideologias criacionistas que era necessário ultrapassar para vislumbrar uma abertura intelectual compatível com a teoria da evolução biológica alargada à da civilização por Charles Darwin, tal como reconsiderada por Patrick Tort. Nesta fase, sentimos que era necessário combinar as possibilidades de investigação oferecidas pelo desenvolvimento considerável de novos conhecimentos científicos e os recursos técnicos que podiam ser utilizados na investigação fundamental e aplicada. Nos anos que se seguiram, senti-me muito motivado para desenvolver um método de estudo de processos evolutivos complexos, que foi desenvolvido durante uma investigação de longo prazo sobre um caso provável de desova de **Castor** *fiber*, isolado nas C?vennes. Os meus objectivos como naturalista tinham começado de forma mais modesta com a observação dos Euproctes des Pyr?n?es.

Em 1983, como o atestam as breves notas em anexo, o objetivo inicial era o de realizar inventários simples à medida que avançávamos, tomando como referência os cadernos e guias do naturalista Claude Dendaletche, que traçou um quadro impressionante da biogeodiversidade dos Pirinéus.

Nas suas obras, descreve a geologia e as paisagens destas montanhas, a fauna sujeita às variações de altitude e de clima, a flora que catalogou meticulosamente desde os vales até aos cumes mais altos, detendo-se nos seus escritos sobre a ecologia e a etnologia deste maciço pirenaico. As nossas observações gerais limitaram-se às espécies que vimos durante o dia, os grifos, as isardas e as marmotas, e depois, mantendo a nossa atenção nestas populações, prestámos mais atenção aos anfíbios durante as nossas pausas à beira da água, observando as rãs e salamandras que encontrámos nos pequenos riachos e charcos que alimentam o curso do Neste. No nosso percurso diário, subimos o caminho de terra batida que acompanha o Neste du Moudang através de uma floresta cujo coberto vegetal é modificado pela altitude e pelas estações do ano. Esta pequena estrada[7] Esta pequena estrada é emoldurada majestosamente pelos picos cujas encostas observámos atentamente, depois de atravessar uma floresta de abetos e faias, a paisagem abriu-se para os picos e para o majestoso vale dos celeiros de Moudang. No início do nosso itinerário matinal, a nossa atenção é atraída pelo Pico d'Augas (2213 metros), em frente do qual dominam o Pico das Aiguilles e o Pico de Born, estes dois picos emoldurando ao longe o Pico de Tramezaigues (2572 metros). Após algumas curvas sinuosas, encontramos os picos de Cuneille e Garlitz (2798 metros) antes de chegarmos ao planalto do vale dos celeiros de Moudang, com pastagens que se estendem pelas encostas dos picos de Soum de la Piette, Sarroues (2835 metros) e Escalet. Uma pirâmide natural, o Pic de la Hount (2400 metros), divide o itinerário em dois caminhos muito estreitos, enquanto um segue o Neste sob o Pic de Pene Abeilleire (2611 metros), o outro serpenteia ao longo do Pic des Laouas (2381 metros) até à nascente ferruginosa do Reine para chegar ao Port de Moudang (2495 metros).

Nos celeiros de Moudang, o leito do Neste espalha-se amplamente pelas margens, revolvidas pelo fluxo tumultuoso de água azul cristalina. Neste período estival, o fluxo é menos intenso, e o leito do rio alterna entre rochas quebradas e cascalho acumulado nas margens terrosas, escavadas pela corrente, e cujos estratos revelam o nível atingido após fortes chuvas e neve derretida. À volta do rio, com o seu caudal ainda tumultuoso, estendem-se os prados, cobertos de vegetação rasteira e de plantas com flores, e as pradarias inclinam-se suavemente para cima. Os montes inclinam-se para as encostas arborizadas, que se afunilam em direção aos cumes rochosos dos seus picos, com as suas encostas salpicadas de colinas e de penedos. Perto dos celeiros, a atividade pastoril transformou esta paisagem, dedicada à criação de ovelhas, que substituiu a criação de vacas neste vale. Os rebanhos estendem-se dos férteis relvados dos celeiros para as pastagens alpinas mais altas, espalhando-se pelos pastos de montanha que rodeiam estas poucas habitações. Neste planalto verde, uma dezena de celeiros rectangulares, construídos com paredes de pedra, são cobertos por telhados de ardósia que se abrem para uma chaminé. Abrigo de pastores, pavilhão de caça, residência familiar ou, eventualmente, casa de turismo de habitação para caminhantes, asseguram a presença das famílias durante alguns meses, da primavera ao outono, antes da queda da neve, e são a memória de uma civilização pastoril...

---

7 O acesso de veículos à reserva de caça de Moudang é reservado exclusivamente aos residentes e aos agricultores proprietários dos celeiros, bem como aos caçadores durante a época de caça.

9. *Celeiros no vale de Moudang.*

[8]A estrada para Moudang era transitável por cavalos e mulas, e os bebedores alugavam os celeiros de gado a preços baixos para os transportar em pequenos carros de bois do vale de Moudang para o vale das nascentes no sopé das montanhas cobertas de bétulas, abetos e faias. Durante o longo inverno, a aldeia de verão de Moudang, a 1650 metros de altitude, ficava silenciosa e solitária sob a neve e o vento gelado. Na primavera, os celeiros ganham vida com a chegada dos pastores e dos rebanhos, e dos bebedores de água de Chourrioux, das nascentes carregadas de ferro, que vêm tratar a sua clorose e anemia. Sentavam-se na relva, comiam, riam e dançavam. A água mineral ferrosulfurosa de Moudang era conhecida pelos camponeses como um remédio universal e o relatório do químico Filhol, diretor da escola médica de Toulouse, descrevia as suas propriedades medicinais (1865).

"A água ferruginosa de Moudang é límpida, com um odor sulfuroso e um sabor adstringente, a sua temperatura é de 4°C, no ar decompõe-se lentamente dando origem a um depósito avermelhado. Um litro de água contém ácidos, cloro, potassa, soda e cal, magnésio (0,0030), sesquióxido de ferro (0,0200) e matéria orgânica. O ferro sob a forma de protóxido (0,0425) mantém a sua solubilidade.

A água estável, deduziu, podia ser assimilada pelo organismo, com o ferro tonificante e as propriedades depurativas do enxofre. Dizia-se que a água de Moudang curava a clorose, as hemorragias passivas e as dores reumáticas...".

As nascentes[9] jorravam límpidas e frias a uma temperatura de 4°C e formavam riachos avermelhados que corriam para o Neste, com tempëraturas sazonais que variavam entre -14°C e +34°C.

A primeira nascente brotava de um pequeno monte de terra, fresca e agradável de beber, com um sabor ferruginoso. A segunda fonte era mais abundante, com um sabor mais pronunciado a enxofre, e não se encontravam peixes.

---

8 Revue de Comminges, 1888.
9 Bulletin de la societe geographique de Toulouse,1889.

10. *Os celeiros Neste e Moudang.*

Estes celeiros, denominados bordes, serviam para armazenar as forragens, e estas pequenas explorações de altitude dispunham de uma mesa para abrigar o gado e de uma modesta habitação para o pastor. As grossas paredes eram construídas com pedras retiradas das numerosas escombreiras das encostas e das margens do Neste. Durante a construção, as paredes eram mantidas unidas por uma argamassa de terra e seixos, à qual se juntava tradicionalmente uma mistura de palha e de estrume de vaca. As paredes podiam ser rebocadas com cal e areia para as proteger das intempéries, da neve e da chuva, e da humidade penetrante dos nevoeiros frios da altitude. O telhado, construído sobre sólidas vigas de arenito sobre as quais assentam os caibros cobertos de tábuas, era coberto de lava, e este piso era utilizado como palheiro. A passagem do tempo e os vários ocupantes alteraram o aspeto exterior e melhoraram ligeiramente o equipamento e o conforto interior. Algumas das cantarias ainda são visíveis, enquanto noutras o reboco renovado é discreto e compatível com a arquitetura original. Embora as janelas sejam estreitas para evitar o frio, a porta de entrada era larga para permitir a entrada do gado no celeiro, o que já não acontece com a criação de ovelhas, que substituiu a criação de vacas neste vale. No entanto, o recinto com os seus muros de pedra seca ainda marca o limite da pequena propriedade. O chão era pavimentado com ardósia e o mobiliário simples era constituído por um pequeno telheiro, uma mesa sólida e bancos de madeira. As camas eram feitas com algumas tábuas de abeto. O mobiliário continua a ser rudimentar, mas a adição de algumas comodidades permitiu fazer face ao frio. Enquanto os pastores utilizavam uma lareira básica num canto do celeiro, os residentes acendem agora uma verdadeira lareira.

Salvo uma ou duas excepções, o palheiro dos celeiros é transformado em quartos ou em telheiro, servindo de abrigo para o përiode verão e de local de convívio para a caça, para gáudio das famílias e dos caçadores que residem no vale na época certa. Os celeiros de Moudang são atualmente um pasto de verão para rebanhos de ovelhas, onde os pastores vivem e cuidam dos seus animais, que estacionam nas proximidades quando chegam para a transumância e quando os reúnem antes da descida para o vale. Normalmente, as ovelhas pastam nas encostas relvadas dos picos que rodeiam os celeiros, sob o olhar atento dos pastores e a guarda dos cães. Acima delas, em voo, os grifos pairam e esperam que uma delas se desvie e caia numa ravina, e depois há o "urso" cuja presença é tão contestada, o pavor dos pastores dos Pirinéus...

11. Um rebanho de ovelhas à volta dos celeiros.

As condições atmosféricas são muito variáveis a estas altitudes e condicionaram as nossas observações: a visibilidade diminui muito rapidamente, é difícil resistir a um nevoeiro gelado ou a uma chuva muito fria e as trovoadas exigem a maior prudência. À medida que a altitude aumenta, estas tempestades provocam variações acentuadas no número de animais e de pessoas que frequentam estas montanhas em trabalho ou em lazer. De finais de julho a princípios de agosto, a temperatura varia entre 15°C e 24°C à sombra durante o dia, com uma média de cerca de 20°C. O vento a maior altitude revelar-se-ia quase permanente, de ligeiro a muito forte, por vezes excessivamente frio. Os nevoeiros matinais diários e o nevoeiro gelado em altitude tornaram-se difíceis de suportar durante longas observações à sombra, obrigando-nos a abrigarmo-nos nos buracos das paredes protectoras dos celeiros.

[10]No sentido inverso, os dias de sol podem revelar-se muito quentes, ultrapassando os 35°C nas rochas sobreaquecidas, até se tornarem insuportáveis no início da tarde, durante as longas observações das piscinas de Euproctes, na época de reprodução.

12. Uma cascata que alimenta as bacias do Euprocte
e do Neste abaixo.

Instalámos três estações de observação, duas no Neste e uma na nascente ferruginosa do Reine. No Neste, em frente ao Pic de la Hount, a primeira estação situava-se numa pequena piscina alimentada por um riacho que descia para o Neste, por baixo de um relvado inundado. A bacia pouco profunda, com apenas alguns centímetros de comprimento, era alimentada por uma água muito límpida, que se acalmava à medida que se agitava neste recipiente natural, depois corria pelo relvado verdejante antes de desaguar no Neste. A bacia era delimitada por lajes de rocha e pequenas praias de seixos e cascalho, rodeadas por rochas maiores, encimadas por um mosaico de musgo e plantas embebidas em água. A montante, a segunda bacia é maior, situada por baixo de uma cascata que a alimenta continuamente, a água brilhante é muito ferruginosa, o leito de rochas e cascalho está coberto de lodo vermelho, a água corre para o Neste próximo, rodeado de prados pantanosos.

---

10 Há uma média de 1.900 horas de sol por ano, com uma pluviosidade entre 1.400 e 2.000 mm por ano, e cobertura de neve sete meses em doze, com temperaturas médias de verão entre 13°C e 15°C sob abrigo.

O terceiro caudal que observámos é o da nascente da Rainha, um lugar mítico onde se acredita na "água milagrosa" vigiada por uma pequena virgem em permanente floração. Esta nascente é muito ferruginosa e nunca vimos caracóis no pequeno charco da sua saída subterrânea. Por outro lado, numa distância de cerca de vinte metros, plantas aquáticas muito desenvolvidas espalham-se em longos filamentos no turbilhão de água que corre em direção aos celeiros. Em frente, encontram-se as entradas de antigos poços de minas que foram desactivados e as ovelhas gostam de pastar nas encostas que alimentam as nascentes e as cascatas.

13 e 14, Mola milagrosa da Rainha e da Virgem.

15 e 16, desenvolvimento de plantas aquáticas com excesso de ferro
na fonte da rainha.

Todos os dias, fazemos o percurso de dez quilómetros desde o nosso acampamento base até aos celeiros de Moudang para montar acampamento junto a uma destas piscinas. As caminhadas de ida são feitas de manhã cedo, quando o sol está a nascer, e as caminhadas de regresso são feitas ao fim da tarde, ao pôr do sol, o que nos permite familiarizarmo-nos com a paisagem e descobrir gradualmente a flora e a fauna.

No que diz respeito à flora, limitar-nos-emos a descrever as características děпёгаих dos agrupamentos vëgëtais que variam em função da altitude e do relevo, descrevendo mais precisamente a transição das paisagens junto aos cursos de água, desde os sistemas rochosos das ribeiras até aos prados pantanosos, refúgio húmido dos Euproctes.

As aves estão presentes à medida que caminhamos pela copa das faias e abetos, e embora os seus cantos possam ser ouvidos, é mais difícil observá-las, normalmente alertadas pelos gritos de um gaio assustado que foge à medida que nos aproximamos. Quando a copa das vëgëtal se desvanece, por cima dos primeiros cumes rochosos expostos ao sol, nas correntes de ar quente, os grifos iniciam os seus voos circulares a grande altitude, em busca de uma carcaça de ovelha ou de sisão. De vez em quando, ao contornar um cume, vislumbramos o raríssimo abutre-barbudo, satisfeito com alguns ossos para se alimentar. Nos prados ainda enevoados, surgem grupos de sardões que sobem as encostas em direção aos cumes rochosos onde se refugiam em altitude e que, ao fim da tarde, encontramos nos prados, alimentando-se ao cair da noite.

Nas nossas primeiras viagens, não se viam marmotas em lado nenhum, mas parece que esta população aumentou significativamente em apenas alguns anos. Os patos de bico amarelo estão constantemente a sobrevoar a área em redor dos celeiros de Moudang e a pousar nos muros baixos. Devido ao impacto das espécies domésticas e da atividade humana na paisagem do vale de Moudang, temos localisë a área de influência de cada uma delas na flora. Alguns cavalos em paddocks alimentam-se nos vëgëtaux dos prados em redor dos celeiros, enquanto as vacas noutros valores pastam a várias altitudes, incluindo em zonas de relva com declive acentuado.

17. Vacas a pastar em altitude

As ovelhas distribuem-se a altitudes entre os 1600 e os 2700 metros, com grandes rebanhos espalhados pelas alturas em grupos de dez a vinte ovelhas, a partir do nível do Neste. Apreciam os abrigos de terra e de rocha ao longo das margens para se protegerem do sol ou da chuva. A contribuição dos animais domésticos para o ecossistema do vale de Moudang é importante para

Involução do coberto vegetal, que é quase achatado pela passagem cíclica dos rebanhos durante o dia. A adição de estrume por estas espécies, combinada com o revolvimento do solo pela sua passagem, contribui para a fertilização e a erosão superficial que caracterizam os estivos bem limpos até aos níveis arborizados dos pinheiros mansos, e depois o sistema rochoso desértico alternando com as zonas de erva e de seixos pedregosos que dominam o nível nival. Os movimentos dos animais domésticos são condicionados principalmente pela sua alimentação, o que implica uma progressão modulada pelas condições climatéricas (chuva, sol, vento) e pela necessidade de água. A regulação do rebanho por pastores e cães não é permanente, havendo períodos de reagrupamento e de cuidados nos currais situados no planalto relvado próximo dos celeiros.

É evidente que esta presença sazonal interage com as espécies selvagens, das plantas aos insectos, dos répteis aos anfíbios, das aves aos mamíferos. Estas actividades contribuem para perturbar a cadeia trófica do ecossistema modelado pela presença humana, centrada nesta pastorícia e caça sazonal, amplificada por um número significativo de turistas nesta rota entre França e Espanha através do vale de Moudang. Os caminhantes utilizam os trilhos e os caminhos que marcam com as suas pegadas para chegar aos portos e aos cumes, e os celeiros de Moudang são um local de paragem e de encontro. Regra geral, os caminhantes não se aventuram fora dos caminhos, e o trabalho de sensibilização efectuado pelo pessoal do Parque Nacional e do Gabinete Nacional da Caça e da Vida Selvagem, bem como o estatuto de reserva de caça, limitam os danos e os desvios.

O ensino das Ciências da Vida e da Terra começava a sensibilizar para a interdependência das espécies domésticas e selvagens, bem como a sensibilizar o público para os efeitos das actividades que afectam a sua evolução, e este ecossistema ofereceu-me a oportunidade de começar a estudar processos evolutivos complexos através da elaboração de um inventário da fauna.

Trataremos dos anfíbios no próximo capítulo, mencionando aqui as espécies mais visíveis que efetivamente encontrámos e evocaremos mais tarde, as espécies não observadas que ainda persistem neste ambiente de alta montanha, iniciamos a nossa descrição com um réptil.

A Vipera aspis de Zinniker é um réptil específico dos Pirinéus. Encontrámo-la frequentemente nos trilhos e caminhos, nas rochas das encostas de seixos perto do Neste, de coloração variável, identifica-se por uma linha sinuosa escura pontilhada de cada lado por uma fila de manchas arredondadas, mede por vezes mais de oitenta centímetros, o seu veneno é muito violento. A víbora tende a fugir quando abordada com precaução, podendo ser observada a uma distância razoável, que varia consoante as condições atmosféricas e a natureza e localização do terreno sobre o qual se desloca mais ou menos rapidamente. Uma manhã, quando subíamos o caminho que conduz aos celeiros, uma víbora saiu da ravina que dá para o Neste e atravessou à nossa frente. Surpreendidos, parámos e ela continuou a sua progressão sem agressividade, antes de se esgueirar e desaparecer numa fenda à beira do caminho. Durante uma observação de Euproctes na bacia de um riacho situado perto de uma escarpa rochosa ensolarada, enquanto explorávamos o riacho a montante, na margem oposta, a cerca de vinte metros de distância, uma grande víbora expunha-se ao sol; quando nos aproximámos, ela caiu pesadamente no chão e desapareceu entre os seixos... Encontrámos periodicamente uma víbora durante as nossas explorações até mais de 2500 metros, mas tivemos de nos manter cautelosos e evitar perturbá-la quando se instalou em muros baixos ou nas encostas rochosas sobreaquecidas que prefere, ao longo dos cursos de água, bem exposta ao sol nas encostas viradas a sul, em busca de ratazanas e outros musaranhos. As aves dominam o vale de Moudang, nomeadamente os Chocards e Craves, que, tal como os corvos, são omnipresentes nas altitudes mais elevadas. A gralha-de-bico-vermelho (*Pyrrhocoraxprothorax)* adulta mede cerca de trinta e oito centímetros e tem um aspeto negro-azulado brilhante, distinguindo-se pelas patas e pelo bico vermelho, longo e curvo, mais curvo do que o da gralha-de-bico-amarelo. O bico das gralhas imaturas distingue-se do dos adultos pela sua cor amarelo-alaranjada. A gralha gosta das altas montanhas e não hesita em aproximar-se dos celeiros, caminhar sobre as rochas e procurar o seu alimento nos campos, procurar minhocas nas charnecas e, em altitudes mais elevadas, colher frutos e bagas. Não muito longe do seu território, numa saliência de uma cavidade rochosa, o casal constrói um ninho rudimentar de ramos e caules grossos, no qual a fêmea deposita alguns ovos.

O Chocard (**Pyrrhocorax** *graculus) é* quase idêntico em tamanho ao Crave, com uma cauda mais curta, um bico amarelo e patas vermelhas. Estas duas espécies realizam frequentemente manobras aéreas espectaculares, em grupo ou aos pares, lançando-se no ar com as asas dobradas e atacando as aves de rapina que se aproximam demasiado dos seus ninhos. Prestaremos especial atenção às aves de rapina, o grifo, o abutre-barbudo e o abutre-de-cauda-branca, que já vimos em voo nos picos que rodeiam os celeiros de Moudang. Durante as nossas viagens à Índia e a África, o grifo (**Gyp** *fulvus)* parecia fazer parte da paisagem; em África, é fácil observá-lo a banquetear-se com uma carcaça no meio do mato ou a desempenhar o papel de coletor de lixo numa lixeira perto das grandes cidades. Na Índia, a situação é um pouco diferente, pois os animais são protegidos pelas religiões hindu e budista. Em Bombaim, no cimo da Torre dos Mortos, os abutres trincham os cadáveres num ritual que substitui a cremação habitualmente praticada nas margens dos rios. Em França, o grifo beneficiou de uma reintrodução no vale de Jonte, que parece estar a dar frutos com o aumento do seu número, estando atualmente a estender o seu território até ao Monte Lozere, onde tem sido frequentemente observado pelo fotógrafo de vida selvagem Jean Faisse. Para os mais cépticos, a sua presença excessiva poderia provocar comportamentos colectivos susceptíveis de assustar as ovelhas, provocando a revolta dos criadores já assustados com a presença de lobos e ursos nos Pirinéus. A vertente evolutiva da ecologia aplicada permite abordar este tipo de problemas. Dada a complexidade das interacções entre o homem e o animal, é necessário compreender as consequências da reintrodução de espécies selvagens a longo prazo.

20. Grifo em voo.

Nos Pirinéus, o grifo, **Gyps** *fulvus, encontra-se em* cerca de mil casais em toda a cordilheira, é uma grande ave de rapina com uma envergadura de dois metros e oitenta centímetros e um peso médio de sete quilos.
O bico em forma de gancho é poderoso, suficiente para perfurar as partes moles da pele e arrancar a carne de uma carcaça de ovelha ou de abetarda. necrófago, não caça, mas aplica estratégias colectivas de aërien repërage a grande altitude e de consumo de presas graças às suas capacidades de visão e de voo pergantes. Os pares instalam-se em aplombs rochosos e formam colónias que se reúnem em voo para sobrevoar as fendas e aproveitar as correntes de ar quente em torno dos picos para dëplacer, sem mover as asas, para além de alguns movimentos das penas digitalizadas das pontas das asas e da cauda que regulam o seu voo planado. O casal incuba as suas crias durante dois meses num ninho agarrado a uma crista, e o jovem abutre levanta voo por volta de julho. Nesta altura do ano, os voos do casal com o jovem abutre são muito espectaculares. Por volta do meio-dia, os adultos sobem muito alto ao longo da falésia, planando em trajectórias circulares ascendentes nas correntes quentes, deixando-se cair no vazio dobrando as asas, retomando depois o voo planado para voltar a subir e repetir várias vezes a queda espetacular. Menos frequentemente, o par faz uma exibição espantosa em voo perto das falésias do pico Garlitz: dois grifos juntam-se em voo, agarram-se pelas garras e deixam-se cair em uníssono durante cerca de cem metros, antes de se separarem e retomarem o voo em altitude.
Do nosso observatório em Euproctes, estamos de frente para o Pic de la Hount, cujo cume é banhado pelo sol da tarde. Centenas de grifos sobrevoam, pairando sobre os rebanhos de ovelhas, antes de se lançarem numa cura colectiva quando encontram a carcaça de uma

ovelha caída no seixo rochoso.

Ao longo das cumeadas, somos frequentemente sobrevoados por grifos e, mais raramente, abordados pelo abutre-barbudo (*Gypaetus barbatus),* que, pelo seu nome, é metade águia e metade abutre, quase desapareceu deste maciço, estimando-se que a sua população seja de cerca de cem casais nos Pirinéus. É a maior ave a sobrevoar estas altas montanhas, com uma envergadura de quase dois metros e um peso médio de seis quilos.

As asas e a cauda são escuras, enquanto a parte ventral é avermelhada, tornando-se mais branca em direção à cabeça, que se distingue pelos olhos rodeados de penas escuras, que se prolongam numa "barba" sob o bico. O bico e as garras bastante pequenas obrigam o cigano a comer apenas ossos, que tem de partir deixando-os cair no chão para os comer, por vezes com um pouco de carne na ementa. Raro de observar, mereceu um estudo especial que ultrapassou o âmbito das nossas investigações limitadas ao vale de Moudang.

A águia-cobreira *(Circaetus gallicus)* é um visitante estival dos Pirinéus, de aspeto quase branco visto de baixo e facilmente identificável em voo. Tem a particularidade de se alimentar de répteis, que caça com a sua visão apurada. Protege-se das mordeduras das serpentes venenosas graças aos pêlos duros do seu bico e às suas patas muito longas, cobertas por uma escama espessa, que se prolongam em garras ásperas com as quais captura os viperídeos sem risco.

Estas aves de rapina desempenham um papel fundamental na cadeia alimentar e na regulação natural das espécies, sem que lhes seja atribuído qualquer dano ou incómodo. Assim que um animal selvagem ou doméstico é avistado, os corvos cercam a carcaça esmagada numa ravina, depois vêm os abutres e os abutres-do-egipto (não observados) que sobrevoam o local e pousam cautelosamente para disputar os restos, e finalmente o lammergeier vem engolir alguns ossos.

21. Pardais, Rupicapra pyrenaica, nas alturas.

Com um pouco de cuidado, podemos avistar os Isards empoleirados em altitudes entre os 1100 e os 2300 metros, mais frequentemente vistos de manhã e ao fim da tarde, quando descem para se alimentarem em grupos nas encostas relvadas perto dos celeiros. Este bovídeo ruminante é conhecido como cabra-das-rochas, **Rupicapra** *pyrenaica, e é* mais pequeno do que a camurça alpina. A sua pelagem é mais caraterística no inverno, castanha-escura no corpo e bege nos ombros e nas coxas, com marcas negras no peito e no focinho. Os seus cascos agarram-se à rocha, à neve das paredes e aos penhascos mais íngremes, por onde se arrasta em busca de alimento. Tem um estômago bastante grande e o seu sangue é rico em glóbulos vermelhos. Pode viver cerca de dez anos, embora seja predado por águias e raposas, e a sua caça é uma verdadeira instituição, se não mesmo uma tradição bem estabelecida nos celeiros de Moudang. É frequente avistá-lo nas alturas rochosas sobranceiras ao vale, à sombra de um pinheiro ou destacado num banco de neve. Na nossa primeira visita, não encontrámos nenhuma marmota, embora alguns anos mais tarde elas tenham sido vistas diariamente. As marmotas foram reintroduzidas nos Pirenéus e a sua dispersão parece ser muito prolífica. Este grande roedor, com quase um metro de comprimento incluindo a cauda, chega a pesar quatro quilos no final do outono e dois quilos no final do inverno, após a hibernação. De cor castanha escura a mais clara, o seu pelo é mais cinzento na cabeça e na cauda. O seu focinho alongado distingue-se por um nariz preto estendido de cada lado do topo da cabeça pelos olhos e pequenas orelhas, e as suas mandíbulas têm incisivos fortes e de crescimento contínuo, que desgasta quando se alimenta de raízes e plantas. Os avistamentos mais frequentes foram nas encostas relvadas e rochosas que ladeiam os caminhos, onde um assobio estridente assinalava a sua presença e alertava os seus congéneres. Para resistir ao frio do inverno, a marmota hiberna na sua toca, entrando gradualmente num estado de letargia, diminuindo a respiração de trinta para uma inspiração por minuto, com a frequência cardíaca a baixar de cem para quarenta batimentos por minuto, o que aumenta o teor de dióxido de carbono e reduz o calor interno de 36°C para 5°C. Abaixo desta temperatura, existe o risco de perda das funções vitais, nomeadamente do cérebro, que reage periodicamente a este limite, restabelecendo o metabolismo. O animal acorda de três em três semanas para efetuar as suas funções excretoras, antes de mergulhar de novo na letargia invernal, enrolado na erva seca da toca. Entre março e abril, a colónia de marmotas acorda, emaciada, e retoma lentamente as suas actividades antes da época de reprodução.

Este período de hibernação, que desenvolvemos mais detalhadamente nas nossas investigações e no ensaio consagrado às baixas energias biológicas, parece-nos de particular interesse para o estudo dos processos bioquímicos reversíveis a nível celular e do organismo, nomeadamente o papel das mitocôndrias e do tecido adiposo castanho nos animais que hibernam ou que vivem em ambientes frios, processos esses que se tornam mais raros, ou mesmo inexistentes, nos mamíferos superiores e no homem em particular.

22. Par de marmotas e vigia num rochedo.

Depois de termos descrito as espécies que são frequentemente observadas, temos de falar das que não encontrámos e, em particular, das que são objeto de virulentos debates e controvérsias, a começar pelo urso pardo (***Ursus** arctos*), que contava com quase duzentos indivíduos em 1937. Na altura da nossa primeira visita, havia ainda cerca de vinte ursos nos Pirenéus, incluindo o famoso Cannelle, abatido em 2004, depois de Melba ter sido massacrada em 1994. Três ursos de origem eslovena foram reintroduzidos nos Pirinéus, uma fêmea em 1996 e um macho em 1997, e, embora o seu número fosse reduzido, a população atingiu mais de cinquenta após estas reintroduções muito contestadas. A presença destes ursos é uma verdadeira fonte de receio para os agricultores revoltados e suscita a mesma paixão entre os ecologistas. Estamos perante um problema de sociedade e de biodiversidade que terá de ser resolvido, tal como acontece com o lobo, que é naturalmente agressivo na sua procura de alimento. Acreditamos que estão reunidas as condições científicas e tecnológicas para preservar as espécies e, ao mesmo tempo, promover as actividades socioeconómicas. Segundo os pastores que encontrámos, quer em Pont de Moudang, quer noutros vales, há de facto ataques ligados à presença do urso, que mata algumas ovelhas e, por vezes, faz cair várias dezenas delas nas ravinas, o que inevitavelmente lhes desperta a ira, desencadeando periodicamente paixões que se manifestam numa certa agressividade e conflitos com os seus protectores ecológicos. O urso vive habitualmente no seu território no Neste d'Aure, a grande altitude, onde encontra vegetação suficiente, insectos e roedores para se alimentar, podendo eventualmente perseguir ungulados selvagens e, mais facilmente, tentar capturar animais domésticos, fazendo incursões assassinas a baixa altitude.

Do outro lado do mundo, os conservacionistas manifestam a sua preocupação com a conservação das espécies e da biodiversidade e, perante estas preocupações e esperanças, os gestores da vida selvagem e as autoridades públicas tentam encontrar soluções para o problema com que nos deparámos nos Himalaias, do Nepal ao Butão. Nestas montanhas povoadas por milhares de ursos (*Melursus ursinus* e *Ursus thibetanus*) observámos o mesmo problema, mas gerido de forma diferente consoante a região dos Himalaias onde estão protegidos. Os preceitos do budismo consideram os animais como seres sensíveis e não são caçados. Nas terras altas do Butão, que introduziu uma política de proteção e de exploração muito controlada das florestas, os habitantes têm de enfrentar uma série de ameaças, não só de dezenas de milhares de ursos, mas também de felinos (*Panthera tigris*, *Panthera pardus*), bem como ataques ocasionais às suas manadas pelo leopardo-das-neves (*Uncia uncia*) a grande altitude ou pelo leopardo-do-vale (*Neofilis nebulosa*), e uma multidão de macacos e langures, que infestam as plantações. Em consequência dos ataques aos rebanhos, as explorações de caprinos, cuja lã era utilizada para o fabrico de cachecóis, foram encerradas. O governo teve de encorajar os jovens a dedicarem-se a este tipo de agricultura, tirando partido da florescente indústria do turismo, razoavelmente limitada pelos preços exorbitantes das viagens ao Butão. Observámos pequenas quintas isoladas nas montanhas, rodeadas por uma floresta muito densa, ocupada por numerosos animais, incluindo macacos e ursos. A propriedade, as hortas e os pastos dos animais estão rodeados por um sistema de vedações que os protege da intrusão dos macacos que procuram legumes e fruta, e a presença quase constante de humanos e cães ajuda a mantê-los afastados, sobretudo quando um grupo de macacos invade um campo. Para o urso, qualquer encontro inesperado é perigoso, e os pastores, com grandes cicatrizes no rosto, registam essa presença sem animosidade, armados com facas compridas à cinta e com cães que acompanham os rebanhos para contrariar os ataques dos ursos. A grande altitude, os ataques do leopardo-das-neves ao gado são raros, embora este felino de altitude ataque ocasionalmente os iaques jovens nas pastagens.

23. No Butão, numa quinta de grande altitude, as sebes e a vigilância humana protegem contra os langures cinzentos invasores, Semnopithecus entellus.

No Nepal, o problema é diferente na zona dos Himalaias, desde o vale de Katmandu até ao Terai, onde as florestas são intensamente exploradas para fazer carvão perto das cidades. A vida selvagem varia entre os contrafortes do norte dos Himalaias e as planícies do sul, na fronteira entre o Nepal e a Índia, onde as reservas naturais ajudam a proteger a vida selvagem e a combater a caça furtiva. No sul, a sobrevivência do tigre depende da proteção destas últimas zonas naturais entre a Índia e o Nepal. Esta espécie particularmente perigosa necessita de vastos territórios e de uma cadeia alimentar sujeita às pressões da caça e da caça furtiva, difíceis de controlar. Por outro lado, as prioridades socioeconómicas, a pobreza e a corrupção latente não facilitam a proteção. Enquanto no Butão, os esforços e a cultura locais tornam aceitável a presença de animais selvagens como o urso, no Nepal, fora das reservas e dos parques nacionais, o seu destino depende das possibilidades de desenvolvimento rural e urbano apoiadas por organizações internacionais cujos programas consistem em satisfazer as necessidades básicas dos habitantes, salvaguardando o ambiente natural. A participação e o interesse dos habitantes das aldeias na conservação das espécies e do ambiente são, juntamente com a educação, uma forma de preservar a biogeodiversidade destas zonas e de criar empregos que os ajudem a sair da pobreza.

Em comparação, o problema dos ursos reintroduzidos nos Pirinéus parece-nos mais fácil de resolver se estivermos dispostos a olhar para a história local que marcou este território, e a estudar a sua filogenia, etologia e ecologia, de modo a colocar a sua conservação num contexto evolutivo a longo prazo, que só pode ser complexo, o que significa que qualquer solução terá respostas bastante imprevisíveis e indesejáveis. É evidente que as preocupações dos pastores devem ser tidas em conta; demonstrámos que nos celeiros de Moudang eles moldaram a montanha através das suas tradições pastoris vitais. Durante séculos, o ecossistema dos Pirinéus incluiu a presença de ursos, caçados e dominados, antes da sua quase extinção. A reintrodução de ursos retirados da Eslovénia é ainda demasiado arriscada para satisfazer os agricultores e os ecologistas.

Estamos perante uma escolha entre uma sociedade que é efetivamente o resultado de processos evolutivos complexos na evolução biológica e a transformação de uma civilização que podemos resumir como duas soluções complementares para favorecer a biodiversidade. O contexto de desenvolvimento socioeconómico, em clara oposição aos meios naturais, exclui as soluções a curto prazo, que são geralmente medidas de emergência que implicam a erradicação ou a deslocação de indivíduos perigosos. O objetivo é salvaguardar uma dúzia de espécies de ursídeos no mundo e muitas outras espécies mais ou menos perigosas que estão realmente ameaçadas de extinção.

- A primeira fase, a médio prazo, consiste em criar uma reserva integral constituída por ilhas para preservar uma população suficiente para garantir o potencial genético de um território vital, livre de qualquer atividade humana. Isto exige um estudo aprofundado das zonas de reintrodução criadas progressivamente em mosaico, utilizando os meios científicos e tecnológicos mais eficazes para garantir a autonomia das espécies reintroduzidas nestas ilhas de sobrevivência. Trata-se de assegurar a integridade dos sítios, com centros de controlo que garantam a segurança dos cidadãos com a ajuda da investigação científica multidisciplinar, bem como a informação do público, apoiando-se imperativamente na indispensável consulta e participação dos actores locais. Existem muitas experiências (Leão em África, Tigre na Índia, Panda na China) nas quais é possível inspirar-se para as aplicar por атёНогап^ isto também diz respeito à salvaguarda urgente dos rimurianos de Madagáscar, dos macacos do velho e do novo continente e especialmente dos grandes símios de África em perigo de extinção, os últimos tëmoins da filogënese dos Primatas.

- A segunda fase é um encontro a mais longo prazo com a população humana ativa e o público para integrar cuidadosamente a reserva na dinâmica socioeconómica local, extrapolando judiciosamente as reservas intëgrales de alta predação para áreas de conservação rural de baixa predação, estendendo-se até aos përiphëries urbanizados, judiciosamente tornados inacessíveis aos animais mais agressivos. Trata-se de uma gestão muito delicada e complexa, fora de um equilíbrio instável, mas essencial para restabelecer e manter uma biodiversidade compatível com as actividades sociais e económicas que se valorizarão a longo prazo.

Em primeiro lugar, há a ação de salvaguardar uma espécie ameaçada de extinção, o que exige a reconstituição impërativa de um ëcosystëme cohërent de predação, o território^ dos animais (urso, lobo, tigre, ëlëphant) não tem fronteiras para além da dos territórios que eles estabelecem para si próprios e que a nossa civilização gostaria de lhes atribuir. Outras espécies dos Pirenéus, certamente menos perigosas, deveriam ser incluídas nestas iniciativas de valorização da biodiversidade: o Desman, o Texugo, a Lontra, os Ratos e Morcegos, o Arminho, o Esquilo, a Perdiz-das-rochas, as I^tras-grandes e entre as aves de rapina, Percnoptere e Águia-real, Coruja-do-mato, Coruja-das-torres, sem esquecer o atípico Bec-croisë des sapins para citar apenas alguns, entre a multidão de aves, insectos e plantas que se podem observar no vale de Moudang.

O discreto pisco-dos-pirinéus não é tão demonstrativo e agressivo como as espécies ditas selvagens que deixaram uma impressão duradoura na memória dos habitantes locais, mais do que o modesto e discreto batráquio da família dos Urodeles que observámos ao longo do Neste du Moudang.

Capítulo III

O calango dos Pirinéus.

O Euprocte des Pyrenees pertence à ordem URODELA (Dumez.il. 1806) da família SALAMANDRIDAE (Goldfiss, 1820) do género Calotriton (Gray, 1858) e da espécie *Calotriton asper* (Duges[11], 1852).

24. Rã vermelha e cobra dos Pirinéus.

Na cordilheira dos Pirinéus, a elevação alpina limita a presença de espécies vegetais e animais de altitude, nomeadamente os lissamfíbios Urodeles e Anurans. A sua distribuição nestas altas montanhas é afetada por um clima rigoroso, com a neve e o frio a reduzirem a sua vida ativa ao curto período de verão, com as temperaturas mais quentes, durante os dias de sol. Os batráquios incluem os anuros sem cauda, como a rã-vermelha (***Rana** temporaria*), muito difundida na Europa e nos Pirinéus acima dos 500 metros, e o sapo-corredor (***Alyte** obstetricans), que* pode ser encontrado em altitudes até 2.400 metros. Os Urodeles com cauda são os Tritões e as Salamandras, que pertencem à família dos Salamandrídeos.

---

11 D'apres les Urodeles de France, Annales des Sciences Naturelles, Zoologie et biologie animale, volume 17, página 253-272.

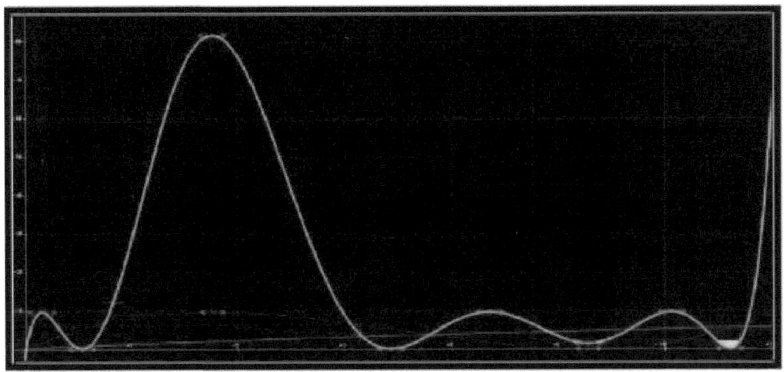

25. Diagrama da evolução do ramo Urodeles (curva vermelha, seta verde), a sua transformação wavelet (curva verde) dá um pico de forte expansão, seguido de uma regressão com modulações sucessivas, o coeficiente de adaptabilidade é estimado em 0,28 (zona sombreada a verde à direita) para o Urodeles atual, ou seja, uma evolução com uma tendência assintótica estabilizada (curva azul).

26.
Calotritão dos Pirinéus,
Calotriton asper asper.

Estes incluem o Euproctus endëmico dos Pirinéus. *O Calotriton asper asper* (Dugës, 1852) é um parente próximo dos Tritões, o *Euproctus montanus* da Córsega e o *Euproctus platycephalus* da Sardenha, com os quais é frequentemente comparado, mas cujos filos se pensa serem diferentes. Existe uma espécie claramente diferente na Espanha catalã, *Calotriton arnoldi*, encontrada no maciço de Montseny, na Catalunha. Pensa-se que o *Rhithrotriton Derjugini Nesterov*, descoberto no Curdistão, *se assemelha* ao *Calotriton asper asper.*

O Euproctus encontra-se nos Pirinéus espanhóis e franceses, a grandes altitudes, nas águas altamente oxigenadas das torrentes e das bacias lacustres dos Hautes-Pyrénées, bem como mais abaixo, nos rios e grutas do Ariege. Um dos primeiros a assinalar a sua presença, Louis Ramond de Carbonnieres escreveu uma carta ao explorador e naturalista Alexander Von Humboldt (1769-1859) sobre a fauna dos lagos dos Pirinéus (1821).

"No Lac d'Oncet, a 2.314 metros, no sopé do Pic du Midi, já não há peixes, mas há salamandras aquáticas. Não me lembro de ter visto nenhuma acima dos 2.518 metros, no Lac du Mont Perdu...".

Em 1895, o naturalista Jakov Von Bedriaga dedicou longos estudos ao Euproct e descreveu uma variedade mais maciça e com tubérculos desenvolvidos. É também de referir os estudos do zoólogo italiano Michele Lessona (1881) sobre a histologia da pele das espécies da Córsega e de Roule (1909) sobre os tegumentos do Euproct dos Pirinéus. Por último, devemos mencionar as investigações de Lapicque e Petetin (1910) sobre a respiração apneumática de um exemplar da Córsega, que é comparativamente parcial no caso do exemplar dos Pirinéus, que Camarano (1896) considerou como sendo intermédia entre o estado pulmónico e a apneumia completa.

Em 1923, o Euprocte des Pyrenees foi estudado pelo Professor Raymond Despax, que relatou a sua presença em vários lagos.

"O animal é abundante em toda a região próxima do Neouvielle".

Atualmente, *o Calotriton asper asper* ou Euproctus, encontra-se nos cursos de água próximos destes lagos, cujas águas descem pelas encostas das montanhas rodeadas de prados alpinos intercalados por cobertos florestais que, em direção aos cumes, dão lugar a escarpas rochosas. Estas condições climáticas e ecológicas, bem como a atividade humana, constituem condicionantes selectivas que devem ser consideradas como importantes variáveis de ajustamento das populações de Euproctes nos Pirenéus.

A sua distribuição estende-se desde o País Basco até à Catalunha, e pode ser encontrada nos Pirinéus Atlânticos, Haute-Garonne, Ariege, Aude e Pirinéus Orientais, desde os 200 metros até quase 3.000 metros. Os investigadores estão a estudar o Euproctes na natureza, bem como no laboratório subterrâneo do CNRS na estação de Ecologia Teórica e Experimental em Moulis. O biólogo Franeois Gasser observou-o na estação biológica de Lac d'Oredon (1849 metros) e os laboratórios universitários estudam o seu desenvolvimento, a sua metamorfose e a regeneração dos seus órgãos. Para fins científicos, os cientistas estudaram em laboratório, em particular, o Axolotl, *Ambystoma mexicanum,* uma forma mexicana criada e atualmente protegida de qualquer experimentação. Em comparação, o *Proteus anguinus*, que vive nas grutas eslovenas, tem características mais específicas da vida subterrânea (anexo 4).

Durante a sua investigação aprofundada sobre o desenvolvimento do ovo de Axolotl, o Professor Jean Signoret (1931-2007) demonstrou a transição Blastuleana (1971). Trabalhou no laboratório de física nuclear de Louis Leprince Ringuet (1901-2000), natural de Ales nas Cevennes, antes de dirigir o laboratório de biologia do desenvolvimento na Universidade de Caen.

Os professores Jean Signoret e Jacques Lefresne descreveram em pormenor a transição Blastule durante as primeiras fases de segmentação do l'reuf do l'Axolotl.

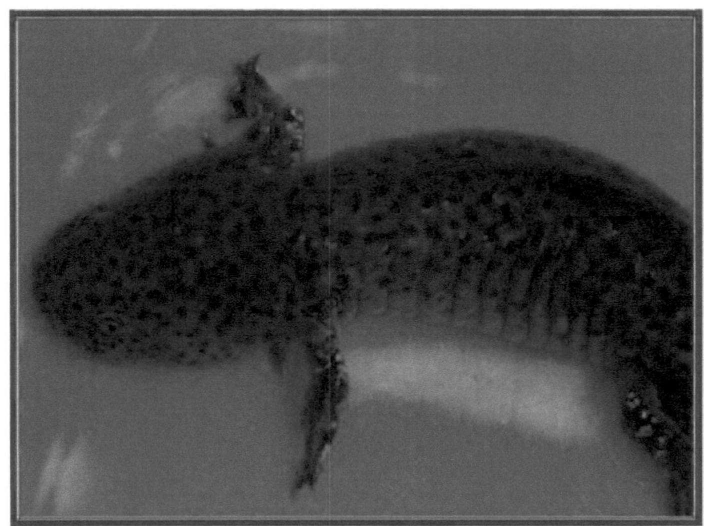

27. Axolote, Ambystoma mexicanum

A investigação fundamental e aplicada sobre o desenvolvimento e a regeneração celular abriu caminhos terapêuticos para a reparação dos tecidos danificados, com o objetivo a longo prazo de encontrar soluções para as doenças graves e degenerativas. O nosso conhecimento revolucionário dos anfíbios, nomeadamente Urodeles e Euproctes, levou-nos a compreender melhor os seus complexos processos evolutivos, procurando identificar as causas da sua adaptabilidade à altitude e ao frio, tendo em conta a sua capacidade de levar uma vida aquática e terrestre.

A origem das populações de Euproctes que se distribuem nos cursos de água de cada um dos vales dos Pirinéus remonta ao período Terciário, no final da Idade do Gelo, como resultado de flutuações climáticas e convulsões geológicas, teriam sido isoladas geograficamente por uma separação das populações que evoluíram nos lagos e cursos de água dos vales dos Altos Pirinéus. O estudo evolutivo dos Urodeles e do Euproct, em particular, atraiu a nossa atenção devido à relativa estabilidade filogenética que afecta esta espécie há sessenta e cinco milhões de anos, tendo em conta as adaptações que os distinguem em função da altitude, nomeadamente para a reprodução, a metamorfose e, mais particularmente, a constituição da sua pele, muito envolvida na respiração cutânea, sem esquecer a sua excecional capacidade de regeneração dos seus órgãos.

As populações de Euproctes des Pyrenees variam em altitude de duzentos metros nos Corbieres Audoises a dois mil quinhentos e sessenta metros nos Hautes Pyrenees, sendo a sua frequência máxima estimada em dois mil metros. A sua presença discreta é um bom indicador biológico da qualidade da água das torrentes e dos rios, bem como do estado da vegetação e do ambiente mineral circundante.

É um animal estënotérmico, vivendo em águas frias a uma temperatura não superior a 13°C. É reofílico, com uma atração por água corrente oxigenada, e estënofóbico, evitando a luz solar, embora a presença de pigmentos euta indique que o seu corpo é fotossensível de forma não negligenciável.

A sua orientação experimental para o magnetismo (Schlegel, 2006) envolve todos os seus sentidos e órgãos sensíveis à luz, os seus olhos, a sua glândula pineal e a sua pele com os seus pigmentos. Tem um efeito estereotáxico positivo muito claro, permanecendo plano em relação ao fundo. Existem diferenças morfológicas e fisiológicas entre as populações, mas estas são muito ligeiras e reversíveis. A diferença morfológica mais visível é o desenvolvimento de tubérculos cutâneos e de manchas amarelas a alaranjadas na pele.

*27. **Calotriton** asper asper.*

Segundo F. Gasser, os estudos proteicos mostram afinidades com as formas asiáticas actuais, algumas das quais são gigantes, como a salamandra ***Andrias** japonicus* do Japão, que tem dois metros de comprimento e pesa trinta e cinco quilos.

Trata-se, portanto, de uma espécie relíquia do Terciário que se refugiou no maciço dos Pirinéus e que, ao dividir o seu espaço vital, foi sensível às sucessivas flutuações de arrefecimento durante os períodos glaciares e ao aquecimento pós-glaciário, uma sucessão de flutuações geoclimáticas e ecológicas que lhe permitiram instalar-se e permanecer seletivamente nestas montanhas sem grandes alterações ao longo dos milénios.

O Euproctus[12] O euproctus adulto mede em média entre dez e quinze centímetros e pesa cerca de dez gramas. O seu corpo, mais ou menos cinzento-acastanhado a preto, tem um aspeto granuloso e é prolongado por uma cauda achatada lateralmente e por patas bem desenvolvidas. Com quatro dedos nas patas dianteiras e cinco nas patas traseiras, desloca-se por contorção, impulsionando-se debaixo de água e, à superfície, rasteja pelo fundo da água, agarrando-se à rocha com as patas com garras.

---

12 Proteção e estatuto em França: O Euproctus é protegido pelo decreto de 22 de julho de 1993, artigos R 211/1 do código rural, que proíbe a sua destruição, mutilação, captura, remoção, transporte, venda, naturalização e remoção dos seus ovos.

[13]A sua pele muito áspera é pontilhada de pequenas asperezas constituídas por agregados celulares com pontas córneas, no centro do dorso, no eixo da coluna vertebral, há uma linha pigmentada amarela por lipófobos, enquanto a parte inferior do corpo é mais ou menos alaranjada a vermelhão nos machos.[14] para os machos. O dorso é cinzento a negro-acinzentado, com melanóforos que contribuem para as alterações de coloração. Todo o corpo absorve diferentes comprimentos de onda da luz e do calor. A fase larvar é escura e brilhante, e a maturidade sexual só é atingida quatro anos depois, dependendo das condições climatéricas que limitam o seu desenvolvimento.

O Euprocto pratica a hibernação, permanecendo imóvel e sem se alimentar; durante este período, a respiração é muito lenta e exclusivamente cutânea, e não tolera temperaturas negativas; após um estado de letargia devido à hipotermia, a ação do frio, a temperaturas inferiores a 0°C, provoca lesões irreversíveis. Durante a hibernação, a membrana das células e dos seus organelos é composta por uma bicamada lipídica que é fluida à temperatura normal. A 0°C, esta fluidez é mantida pela ação de ácidos gordos insaturados contendo proteínas, que impedem temporariamente uma transição de fase fatal, embora congele abaixo de 0°C. Quanto à hipertermia limítrofe, esta parece situar-se em torno dos 37°C, temperatura comum em pleno sol nas encostas rochosas que ladeiam riachos e charcos onde os Euproctes se refugiam do sol.

O macho tem uma cloaca globular proeminente, dividida na base da cauda, enquanto a cloaca da fêmea tem um aspeto cónico. A reprodução começa na primavera, a partir de junho, e prolonga-se até agosto a 2.000 metros de altitude. Quando a água aquece entre 12°C (espermatozoide ativo) e 18°C, temperatura ideal para o acasalamento, o macho e a fêmea enrolam-se um ao outro durante longas horas, durante o amplexo. Quando as suas cloacas estão próximas, o macho emite entre um e quatro espermatóforos contendo espermatozóides que, se não forem levados pela corrente, fecundarão os óvulos da fêmea. Dependendo das condições climatéricas, a postura dos ovos ocorre quatro semanas após a fecundação, mas pode ser adiada por um ano, desde a fusão da neve até ao final do verão, se as condições térmicas forem demasiado baixas para o desenvolvimento dos ovos. Quando os ovos são postos, a fêmea chega a um abrigo rochoso na água e deposita os segundos ovos, com uma média de cinco milímetros de diâmetro, isolados debaixo de uma pedra. As jovens larvas eclodem com cerca de quatro semanas, permanecendo neste estado larvar durante um ano ou mais, consoante a altitude.

Observámos uma destas minúsculas larvas negras e brilhantes emergir da água de um pequeno charco, trepar uma pequena rocha vertical alguns centímetros acima da água e deslocar-se, contorcendo-se na superfície rochosa horizontal sobreaquecida, para o abrigo de musgos e plantas ainda húmidas. Esta fase terrestre é de curta duração, antes de regressar aos pequenos charcos para se alimentar. Neste estado larvar, predomina a respiração branquial e cutânea, até à metamorfose, à qual dedicaremos um capítulo.

A cabeça do euproct adulto é achatada, o focinho é arredondado e revela olhos globulares com pálpebras e uma pupila circular. A acomodação da visão ao ambiente aquático e aéreo é conseguida através da deformação do cristalino e da deslocação do globo ocular na sua órbita. Assim, quando o euproctídeo fecha os olhos, estes formam uma saliência na

---

13 Os Xantoforos de Pteridina são pouco solúveis em água e fluorescentes. Pensa-se que este composto aromático aceitador de electrões está envolvido na hidroxilação e oxidação durante a respiração da pele na sua forma solúvel em água como riboflavina.

14 Os carotenos eritróforos variam de laranja a vermelho durante a época de reprodução.

boca, caraterística que o ajuda a engolir os alimentos e contribui para a respiração bucofaríngea. Possui uma grande mandíbula com dentes em forma de S e a sua língua, bastante avançada para agarrar, permite-lhe capturar e ingerir uma grande variedade de presas, como moluscos e crustáceos aquáticos. Alimenta-se de larvas de moscas, mosquitos e efémeras, e caça os numerosos insectos que caem à superfície da água. A captura não é muito selectiva; flutuando e flutuando na corrente, as presas vivas são apanhadas e empurradas para as mandíbulas, que as esmagam ligeiramente para as manter no lugar. Os euprocetas não as mastigam, são engolidas inteiras, não sem dificuldade, consoante o seu tamanho e resistência, e a absorção oral é retardada pelos movimentos convulsivos dos membros, que se agitam para neutralizar o inseto. Assim absorvidas, as presas percorrem o sistema digestivo sob o efeito das contracções gástricas, a uma temperatura óptima do ar entre 15°C e 32°C durante o dia, para um pH ácido de 6 no estômago. Se a temperatura for demasiado baixa, o baiacu reduz a sua atividade de caça e, consequentemente, a sua alimentação, dificultando a digestão das presas e abrandando o seu metabolismo. Quando a temperatura desce abaixo dos 6°C, o Euproctus adulto deixa a água e refugia-se num abrigo rochoso que é rapidamente coberto pela neve e entra em hibernação em terra. O seu metabolismo é reduzido a alguns batimentos cardíacos e fendas linfáticas, o que lhe permite sobreviver até à primavera, altura em que prefere os riachos e pequenos charcos para se alimentar e reproduzir na água.

A baixa altitude, este cavernícola ocasional fica retido nas águas subterrâneas, isolado de outras populações, e adquiriu características próprias da vida no escuro e exclusivamente aquática, que influenciam o seu desenvolvimento em larva gigante e o abrandamento do processo de metamorfose sensível à luz. Nestas condições, tem uma alimentação adaptada à fauna cavernícola.

Em comparação com os peixes, têm um cérebro maior e a sua cabeça pode ser orientada através de uma vértebra atlas. Para caçar na água, utilizam mais o olfato do que a visão e são sensíveis às vibrações do meio aquático através de receptores na linha lateral. Do lado de fora, as narinas visíveis no focinho abrem-se para a cavidade nasal através das coanas situadas no céu da boca, que possuem membranas mucosas revestidas de células olfactivas.

Funcionam tão bem na água como no seco, adaptando os cílios sensíveis das células, que se alongam ao ar livre acima da camada de muco, ao passo que na água os cílios se retraem abaixo da camada de muco, que se reduz a uma película de água menos ativa.

A longevidade do euprocto é estimada em vinte anos, e podem ser observadas diferenças morfológicas e de cor de um vale para outro, mesmo entre rios. A respiração faz-se por várias vias, brânquias e pele na fase larvar. Após a metamorfose, o adulto ainda apresenta respiração cutânea, apoiada pelos sistemas respiratórios bucofaríngeo e pulmonar reduzido.

28. Larva de Euproct com brânquias.

Em meio líquido, a larva possui três pares de brânquias, que desaparecem durante a metamorfose. No estado adulto, a respiração pulmonar apresenta-se sob a forma de uma cavidade sacular com paredes finas formadas por pregas que se prolongam em alvéolos pulmonares. Estes pulmões não são muito eficientes e desempenham um papel na regulação da flutuabilidade do euprote. A ventilação mucofaríngea predomina sobre a pulmonar, as finas mucosas são muito vascularizadas e a respiração é regulada por movimentos do pavimento da boca, que compensam a respiração cutânea.

A respiração cutânea realiza-se ao ar livre através da pele, que é humedecida pela espessura do muco, e quando imersa, diretamente em contacto com a água. Em comparação com a respiração pulmonar e a respiração oral-faríngea, a respiração cutânea é permanente e pensa-se que predomina sobre as outras duas.

A circulação générale do sangue, déroule sob a ação do creur, em artérias, capilares e véias que vascularizam os órgãos e a pele, draiiK'e pela linfa. Na fase larvar, o coração é semelhante ao de um peixe. O adulto tem um creur globular, com duas aurículas e um ventrículo, os glóbulos vermelhos em pequenos quanta são nuck^s. l. lK'moglobina do Euprocte apresenta uma к'ПиИё para o oxigénio inferёior à dos mamíferos, situa-se entre 7,5 g/l e 15 g/l dependendo da altitude e da turbulência dos cursos de água. O sistema linfático, que irriga as células da pele em conjunto com a circulação gёnёral, é, portanto, essencial para a respiração da pele. O fornecimento direto de água através da pele permite a difusão do dioxigénio para a respiração e a evacuação do dióxido de carbono, bem como a excreção localizada dos resíduos metabólicos. Uma dezena de câmaras linfáticas, constituídas por reservatórios animados por contracções rítmicas, drenam a linfa para o sistema venoso, que contribui para o equilíbrio osmótico e para a respiração cutânea, quando absorve água através da pele. Os rins possuem iK'phrons semelhantes aos dos peixes, eles ё^^к grandes quantidades de água e provocam a retenção de sais. Como o Euproctus não bebe, em caso de seca ou de frio extremo, os sais são segregados enquanto a retenção de água permanece muito limitada, o que aumentaria a sua resistência ao frio durante a hibernação.

A sua passagem da água para a terra obriga-nos, nos capítulos seguintes, a desenvolver sucessivamente os modais do seu triplo sistema respiratório, explorando a sua filogёnese e as condições iniciais da sua ontogenia, bem como o processo de mёtamorfose, condicionado pela altitude e pelo clima pvreiK'en. O seu sistema respiratório dá-nos uma primeira visão da cronologia da evolução dos lissamfíbios Anuros e Urodelos, cujas variações por mutações discretas estarão sujeitas a fortes constrangimentos selectivos naturais que parecem estabilizá-las.

Capítulo IV

A respiração do Euproctus, entre a água e a terra.

Para computar esta descrição de *Calotriton asper asper*, precisamos de aprofundar o papel dos seus sistemas respiratórios para aтёlюrer coeficientes de adaptabilidade biológica e divergência de modelos para desvalorizar a probabil^ devolução desta espécie que vive entre a água e a terra. O Euproctus adapta-se praticamente a cada vale que ocupa, ajustando a sua fisiologia e metabolismo às condições locais dentro dos limites estreitos das temperaturas que flutuam de acordo com a altitude e a estação do ano. O professor Raymond Despax (18861950), do laboratório de história natural das Faculdades de Ciências de Toulouse e diretor do laboratório de hidrobiologia do Lac d'Oredon, ficou muito intrigado com a redução dos pulmões e estudou o comportamento respiratório do animal adulto. No bulletin de la Sociëtë Zoologique de France, na sëance de 26 de maio de 1914, concluiu:

- Embora os pulmões fossem pequenos e funcionais, não considerou a respiração pulmonar como essencial.

Prosseguir as suas observações:

- Ele observou que a respiração cutânea e oral-faríngea eram suficientes para assegurar as trocas respiratórias vitais. Ao constatar, a respiração bucofaríngea é de importância mínima e é na ausência de respiração pulmonar que,

"A respiração cutânea desempenha um papel essencial".

[15]Este sistema de respiração através da pele é essencial para a sua vida aquática e para a sua sobrevivência em hibernação em terra, e é provavelmente um resquício adaptativo das condições climáticas extremamente frias da Idade do Gelo, seguidas por climas quentes, não menos perturbadores, pós-glaciais. Estes episódios climáticos cíclicos e convulsões geológicas revelaram-se muito selectivos, e muitas espécies, e os lissamfíbios em particular, contornaram-nos através da mëtamorfose, um processo adaptativo extremamente complexo que lhes deu acesso ao ambiente terrestre, embora fosse ainda necessário compreender como evoluiu.

O Professor Raymond Despax demonstrou a contribuição muito ativa das células do tëgumento para a respiração cutânea do Euproctus adulto, enquanto que, no caso das larvas aquáticas, a respiração através das brânquias foi predominante até à metamorfose, complementando este processo respiratório ancestral. Há muito adaptado à alternância de períodos quentes e frios, este método de difusão direta de dioxigénio através das células da pele favoreceu a sua transição do meio aquático para o meio terrestre suficientemente húmido.

---

15 Durante a hibernação, as rãs possuem uma tolerância ŕ hipóxia e ŕ acidose, a uma tempëratura ambiente próxima de 0°C, sob o controlo de um sistema nervoso central muito simples, a respiração torna-se lenta, se não ëpisódica.

29. Bacia do Euproctes, abaixo de uma cascata.

O artigo sobre as experiências muito metódicas de Raymond Despax sobre a vascularização da pele mostrou que os tegumentos superficiais da epiderme e os tegumentos mais profundos da derme desempenham o papel de um verdadeiro órgão respiratório e excretor localmente autónomo. A pele dos Urodeles em geral e do Euproctus em particular é ricamente vascularizada por três vias complementares, a dos vasos linfáticos, por um lado, e a das redes capilares arteriais e venosas da circulação geral, por outro. Esta demonstração descritiva e experimental revela três possibilidades fisiológicas que podem ser seleccionadas durante a revolução dos lissamfíbios: trata-se de pré-adaptações respiratórias que se exprimem em maior ou menor grau nos Anuros e nos Urodelos. No decurso da sua evolução, como condição inicial, a sua respiração cutânea dominante é incidentalmente completada pela respiração oral-faríngea, dando origem ao sistema pulmonar. Estes três modos de respiração existem simultaneamente no Euproctus, mas com diferentes graus de eficiência, como indicado por R. Despax no seu estudo histológico dos tegumentos da pele.

"A epiderme é espessa, com uma camada córnea constituída por duas camadas de células, sob as quais se encontram cinco camadas de células epiteliais que cobrem o tecido conjuntivo da derme.

Iniciou o seu estudo com uma descrição do tegumento, cuja rugosidade se deve à distribuição de tubérculos por todo o corpo, proeminências cónicas, com chifres na parte superior e de cor castanha a preta. A sua disposição cutânea externa pode ser verificada observando a superfície do corpo de ***Calotriton*** *asper asper*, e o seu tamanho varia, tornando-se mais maciço da cabeça para a cauda. A descrição destaca outras pequenas protuberâncias, bem como os finos canais excretores das glândulas cutâneas e os tubérculos. A espessura das camadas epidérmica e dérmica da pele varia ao longo do corpo, tal como as protuberâncias dos vários tubérculos e glândulas. R. Despax descreve as células da pele e a sua vascularização: a epiderme é constituída por :

\-   A camada superficial de células achatadas e córneas tem uma espessura relativamente constante em todo o corpo, mas torna-se mais espessa em torno dos tubérculos.

- A camada intermédia é constituída por três a quatro camadas de células.

[16]Atento ao mais ínfimo pormenor, R. Despax observou a disposição espacial dos núcleos celulares e, a este respeito, as células do epitélio epidérmico apresentam uma microadaptação ao meio predominantemente aquático. Uma sensibilidade não negligenciável às condições exteriores causada pelo estabelecimento de uma pressão diferencial entre a gravidade e o empuxo de água exercido através do tecido cutâneo, este gradiente de água actua por difusão no tecido cutâneo e por osmose através das membranas das células estratificadas da epiderme. Este ajustamento manifesta-se pela polarização dos núcleos celulares, uma disposição que tem provavelmente consequências nas suas funções intra e intercelulares, segundo R. Despax. Segundo R. Despax, as suas secções transversais de troca efectivas em contacto com o citoplasma diferem em função da sua posição em profundidade:

- As células da camada mais profunda têm um núcleo de forma oval, cujo longo eixo vertical está orientado para a superfície da pele, enquanto o eixo oposto está orientado para a base do tecido conjuntivo, que é banhado pela linfa, cujo papel primordial iremos salientar. Como a maior secção efectiva do ovoide está orientada verticalmente, estes núcleos alongados, altamente polarizados lateralmente, oferecem uma grande superfície lateral de troca com o citoplasma celular.

- Os núcleos das células das camadas intermédias são, em média, mais ou menos esféricos, consoante a sua posição.

- Para as camadas superiores das células epidérmicas, os núcleos localizados na camada inferior da camada córnea são achatados, com a maior superfície voltada para o ambiente externo de água. Têm uma secção transversal horizontal efectiva altamente direcional, orientada respetivamente para o ambiente externo (água, ar) e para o interior das células. Isto sugere que as células epidérmicas têm uma afinidade para capturar dioxigénio da água e libertar CO_2. As variações de espessura são maiores para as camadas intermédia e profunda de células do que para as da camada córnea.

A derme tem uma espessura muito variável, é dotada de um tecido de fibras conectivas impregnado de linfa, os pigmentos estão localizados na sua parte superior e os vasos cutâneos formam um sistema vasculo-pigmentar muito específico. A separação entre a epiderme e a derme não é regular, os capilares rodeados por um fino envelope conjuntivo, originários da derme, espalham-se pela epiderme. Por baixo das células epidérmicas, o tecido conjuntivo da derme, oxigenado por células com núcleos direccionais, é frequentemente mais espesso do que a epiderme e, em particular, o espaço entre as glândulas cutâneas é rodeado por um envelope conjuntivo vascularizado.

---

16 Em comparação, comentaremos as adaptações dos anfíbios no espaço no capítulo dedicado ao desenvolvimento do miif.

30. Pormenor das protuberâncias epidérmicas.

Em meio aquático, esta disposição facilita o trabalho do utilizador.

- A oxigenação localisëe da linfa, em conjunto com a dos capilares arteriais e venosos da circulação gënëral do sangue.

- A evacuação do dióxido de carbono (CO_2) e dos resíduos celulares (NH_3) é considerada como o resultado de uma desintoxicação localizada, que ocorre diretamente do tecido conjuntivo para as células epidérmicas sob baixa pressão externa, e externamente através da linfa, em direção às células sëcrëtricas e excretoras agrupadas em glândulas específicas, simultaneamente vascularizadas pelo sistema arteriovenoso da circulação sanguínea geral.

No ambiente terrestre, o Гохудёпайоп é mëdiatisëe pela espessura do muco e a excreção dëvoluída para as glândulas seria parcialmente dërivëe para a corrente sanguínea дё^ток e para o sistëme renal (ácido úrico) por uma adaptação funcional à altitude, relacionada a pré-adaptações ao ambiente aquático. Esta dërivação ëtablishing uma adaptativ^ progressiva dos sistemas respiratório e excretor à vida terrestre, durante a involução dos Urodëles.

Em termos de evolução, a respiração cutânea continua a ser essencial. Para tal, a pele possui um sistema vascular com um elevado teor de pigmentos respiratórios e não respiratórios muito activos, situados na fronteira entre a derme e a epiderme, segundo R. Despax.

"A presença combinada de pigmentos e vasos sanguíneos é muito abundante.

Por vezes, ao atravessar esta fronteira, os capilares empurram à sua frente uma fina camada de tecido conjuntivo associada a uma disseminação não iK'gligetável de nervos implantados no epi^lium epidérmico adelgaçado, o capilar sanguíneo já não passa pela superfície da pele, mas exclusivamente pelo estrato coriK'e com as suas três camadas de células achatadas. Estas finas superfícies de troca ajudam a promover a absorção de dioxigénio dissolvido em água e a libertação direta de dióxido de carbono, bem como de outras substâncias mais ou menos tóxicas produzidas pelas células e armazenadas no muco e nas glândulas tóxicas.

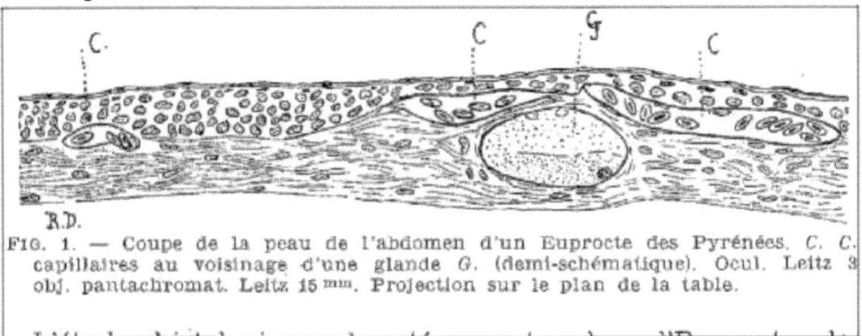

31. *Diagrama de Raymond Despax, epiderme e derme da pele do Euproctus.*

Em contacto com o ar, como resultado de uma reação das células da pele, do sistema nervoso e do sistema hormonal, que são sensíveis a um aumento da temperatura e a variações de luz, forma-se um muco protetor no tëgumento, proveniente de certas glândulas salientes sëcrëtricas e excretoras.

Na água, as células da epiderme, o tecido conjuntivo, a linfa em particular, e os capilares sanguíneos são diretamente abastecidos com dioxigénio dissolvido. Os pigmentos respiratórios de origem moral provêm das águas ferruginosas, estes colectores de oxigénio sensíveis às radiações solares e aos raios ultravioleta em altitude, estão localizados superficialmente entre a epiderme e a derme. Nestas condições óptimas de difusão e de captação do dioxigénio, segundo R. Despax, a respiração cutânea tem lugar principalmente nas grandes superfícies de troca do corpo, no abdómen, na cabeça e na cauda.

Voltaremos a este sistema respiratório cutâneo e, em particular, ao papel preponderante desempenhado pela linfa em ligação com a distribuição em malha dos capilares arteriovenosos da circulação sanguínea geral em torno do canal excretor das glândulas cutâneas secretoras de muco tóxico.

Na sequência desta descrição pormenorizada, R. Despax realizou experiências na presença de Euproctes, privando progressivamente a água do seu oxigénio.

- Em água normalmente oxigenada, observou um movimento do pavimento da boca que provocava a entrada de água na cavidade bucofaríngea. A respiração seria então parcialmente bucofaríngea por absorção do dioxigénio dissolvido na água, difundido através do tecido conjuntivo do espaço bucofaríngeo, que se estende até aos sáculos, dos quais suspeitava uma utilização pulmonar muito limitada.

- Observando-o debaixo de água, verificámos que liberta periodicamente pequenas bolhas. Veremos que a gestão do volume de água aspirada e expelida, contendo ar e dióxido de carbono, tem consequências para o seu comportamento na água, nomeadamente quando expulsa voluntariamente água e gases dos seus pulmões primitivos para regular a sua flutuabilidade a fim de capturar insectos. Deverá este dispositivo de regulação da flutuabilidade ser visto como um sistema respiratório pré-adaptado e selecionável, funcionalmente mais eficiente nos anuros?

- Ao emergir à superfície, o euproctídeo engole uma boca cheia de água e prossegue a sua respiração rítmica absorvendo o ar atmosférico, que tem um teor de dioxigénio mais elevado do que a água, pelo que a respiração cutânea perde a sua eficácia. Para o efeito, faz um esforço suplementar, utilizando o sistema bucofaríngeo, prolongado pelos pulmões primitivos que, aliás, se enchem de ar. A resposta a este stress respiratório poderia ser facilitada pelos efeitos da radiação solar à superfície, que teria contribuído para a contração interna do ouvido ao deformar o pavimento da boca, desencadeando a respiração bucofaríngea para compensar o défice de oxigénio ao ar livre?

- As trocas respiratórias com a pele são indistinguíveis nos dois casos, o que, em princípio, não impede que este processo seja funcional, desde que se produza mais muco ao ar livre para evitar a desidratação e se continue a favorecer as trocas respiratórias com a pele quando em contacto com o ar húmido durante a progressão terrestre. Se a temperatura aumenta, sob o efeito do stress, o sistema nervoso reage e provoca a emissão de muco, que atinge uma espessura máxima. No limite da adsorção pelo muco e pela pele, a necessidade de dioxigénio exige mais do sistema buco-faríngeo, que é prolongado pelos pulmões pré-adaptados, que se tornam seletivamente mais funcionais no decurso da revolução.

Com referência à filogenia dos Rhipidistianos (Apêndice 2) e à revolução dos Urodeles delineada no diagrama do capítulo anterior, no que diz respeito à formação dos pulmões[17]como é que se estabeleceu uma tal cronologia de adaptabilidade destes diferentes aparelhos respiratórios no Euprote?

Se recuarmos às condições iniciais dos Rhipidistians e Tëtrapods até ao Lissamphibian Urodeles, podemos ver nos exemplos abaixo uma progressão dos sistemas respiratórios durante a transição de um ambiente aquático para um ambiente terrestre.

Do Carbonífero Superior ao Pérmico Inferior (-280 Ma a -270 Ma), ***Seymoura Baylorensis*** (Broili, 1904) era um anfíbio reptiliomorfo com cerca de sessenta centímetros de comprimento que tinha a aparência de uma salamandra, a sua pele considerada "seca" indicando uma vida terrestre num ambiente árido.

[18]A bacia Houiller et Permien d'Autun-Epinac descrita por Henri Emile Sauvage (1890) revelou a presença de ***Protriton*** *petrolei* (Gaudry, 1875), um espécime larvar com guelras e pele "macia", enquanto ***Pleuronoma tinha uma*** pele "mais espessa". A bacia do Permiano de Lodeve contém numerosos fósseis lacustres marinhos e de água doce, extremamente úteis para analisar a transição dos anfíbios e répteis para o meio terrestre.

Na época da revolução dos lissamfíbios, no que diz respeito à assimilação dos parâmetros da sua adaptabilidade em modelos, as provas fósseis da respiração cutânea são muito limitadas e os tecidos cutâneos não estão preservados, para além de eventuais couraças, placas dérmicas ou escamas protectoras. Isto significa que é necessário ter em conta as variações de outros factores morfogenéticos que estão cautelosamente correlacionados com as alterações da respiração cutânea, em particular as adaptações progressivas envolvidas no reforço do esqueleto, na reprodução e no desenvolvimento da metamorfose. Estas capacidades são essenciais quando os ecossistemas mudam, trazendo consigo constrangimentos selectivos naturais, aos quais se juntam agora as pressões antropogénicas.

De acordo com as nossas observações durante o verão, os Euproctes caçam intensamente

---

17 As salamandras da família Plethodontidae e a rã Telmatobius culeus com as suas numerosas pregas de pele (Lago Titicaca, 3610 metros) não têm guelras nem pulmões.
18 Síntese geológica das bacias do Permiano francês. BRGM,1989.

insectos que flutuam na água. Para os capturar, fazem numerosos movimentos sob e à superfície, depois mergulham, arrastando a presa para a devorar num dos seus abrigos rochosos. Além disso, o ato reprodutivo é longo e extenuante e, durante os esforços intensos de caça e reprodução, a respiração cutânea pode não ser suficiente para obter dioxigénio suficiente. Inicialmente, este gene motivaria os adultos a procurarem as águas tumultuosas e altamente oxigenadas dos riachos de montanha. A longo prazo, no decurso da sua evolução, em resposta a este gene respiratório induzido por esses esforços sustentados ou em reação a agressões conexas, predação, competição interespecífica, flutuações climáticas, geológicas e ecológicas, o défice de oxigénio vital tornou-se mais pronunciado, primeiro debaixo de água e ao nadar à superfície, depois incidentalmente ao ar livre, onde o teor de oxigénio aumentou. Perante estas situações de agressão intensa para o organismo carente de dioxigénio vital, o sistema nervoso do Euproct teria desencadeado diversos processos de compensação respiratória pré-estabelecidos. Os processos de assimilação do dioxigénio e de excreção cutânea teriam sido progressivamente adaptados da linfa para a circulação geral do sangue (creur, rins), seguindo uma sensibilidade selectiva à mudança de ambiente, em particular a respiração bucofaríngea, que se tornou mais eficaz ao ar livre.

Considerando a experimentação de R. Despax em apoio das nossas observações dos períodos de caça e de reprodução, sugerimos que os antepassados dos Euproctes pirenaicos ampliaram as contracções instintivas buco-faríngeas que utilizam para engolir as suas presas. Quando engolem um inseto de grandes dimensões, é o afundamento alternado das órbitas oculares no espaço bucal que impulsiona o movimento do assoalho bucofaríngeo. Estas contracções, que fazem com que o inseto se desloque para a frente, envolvem a entrada e a saída da água e permitem-lhes ingerir uma boa parte do ar de forma acidental quando nadam perto da superfície. Esta situação de compensação respiratória e de sobrecompensação comportamental revelou-se seletivamente favorável ao desenvolvimento de uma respiração pré-adaptada, graças à presença de um tecido conjuntivo propício à absorção de água, à difusão do dioxigénio e à libertação de dióxido de carbono através do tapete celular bucofaríngeo. Este ritmo respiratório, sob o controlo dos sistemas nervoso e hormonal, suplantou, pouco a pouco, o ritmo mais discreto das células cutâneas autónomas, localmente pulsantes, que se desenrolam nos creurs linfáticos, complementando a circulação geral do sangue, regulada pelo batimento dos creurs. Mais solicitada ao ar livre do que na água, a respiração bucofaríngea, ao forçar progressivamente o ar em direção aos dois sacos pulmonares pouco desenvolvidos, tende a ser seletivamente tão favorável como a respiração cutânea, sem contudo predominar esta última no Euproctus.

Ao prosseguir a sua experiência, R. Despax tinha esgotado artificialmente o oxigénio da água. Esta redução dos níveis de oxigénio tinha ocorrido naturalmente durante o Terciário, em função da altitude, durante períodos alternados de frio e calor excessivos. O Euproctus, provavelmente sujeito a uma acumulação de situações de stress, favoreceu instintivamente a tomada de ar à superfície através do sistema bucofaríngeo, que se tornou suficientemente eficaz graças a esta adaptação respiratória que estimulou os sacos dos pulmões em desenvolvimento. Teria havido uma ligação entre as pulsações celulares localizadas da respiração cutânea autónoma e a cadência adquirida pela respiração bucofaríngea associada à utilização dos futuros pulmões. As contracções produzidas nos creurs linfáticos estão ligadas por um acoplamento diferencial com a circulação geral, que é regulada pela frequência dos batimentos do creur, como confirmam as suas observações.

"Quando o soalho da boca desce, o ar entra por depressão nas narinas, após algumas pulsações respiratórias orofaríngeas, as narinas fecham-se e a glote abre-se, o soalho da boca, ao subir, empurra o ar para os pulmões, o sangue oxigenado da circulação geral é impulsionado por um coração com duas aurículas e um ventrículo".

Se favorecermos esta hipótese evolutiva, as múltiplas tensões que teriam envolvido esta compensação buco-faríngea, acentuada por uma sobrecompensação nos limites da coerência vital, actuando ao nível dos pulmões primitivos em formação, teriam dado origem a um comportamento instintivo de fuga para sobreviver a um gene respiratório persistente. Em condições ambientais altamente selectivas, com geadas e secura, teriam os seus antepassados tentado deixar a água para se tornarem terrestres durante algum tempo, para hibernarem ou para tentarem chegar a outro local de água salutar, propício ao povoamento dos cursos de água de cada vale?

Tendo em conta as variações biológicas fortuitas causadas pelas mutações raras e pelos derivados genéticos aleatórios de uma pequena população sujeita aos efeitos dos constrangimentos aleatórios da seleção natural, teria havido uma complementaridade entre os três sistemas respiratórios, com os primórdios do estabelecimento da respiração pulmonar ainda reduzida à sua expressão mais simples, utilizável até então para a flutuabilidade. Este modo primitivo de respiração suplantou mais ou menos a respiração buco-faríngea adaptada ao meio hídrico, que se tornou aliás compatível com a respiração ao ar livre, apoiada ainda pela respiração cutânea arcaica, ainda hoje muito eficaz na água, e no ar sob certas condições de temperatura e humidade bastante rigorosas... No seu curso de fisiologia (1848) na Faculdade de Medicina de Paris, Pierre Berard escreveu.

"A respiração ocorre por contacto com a pele, e esta troca de gases constitui um verdadeiro processo respiratório que envolve a absorção de oxigénio, a libertação de ácido carbónico e a exalação de azoto. Esta respiração cutânea complementa a dos pulmões, nomeadamente nos animais de sangue frio como os anfíbios.

A sua pele nua é utilizada para a respiração aquática e a temperatura influencia o tempo de vida dos anfíbios desprovidos de pulmões. Spallanzani observou que as rãs submersas viviam mais tempo no inverno do que no verão: a cerca de um grau viviam oito dias e morriam num dia em que a temperatura subia acima dos dois graus.

Nas suas experiências com sapos e salamandras, verificou que, a uma temperatura de 0°C, o seu tempo de vida tendia a triplicar, ao passo que, a 32°C, sobreviviam apenas 12 minutos. Sim, é verdade que a água fria contém uma maior quantidade de ar dissolvido e de dioxigénio, acentuada pela mistura da água. Como expliquei no ensaio sobre as baixas energias biológicas, é preciso também referir os efeitos quânticos dos quais descrevo as soluções "Frias" e depois as soluções "Quentes" termo-hidrodinâmicas. A baixas temperaturas, estes efeitos actuam sobre a autonomia das capacidades respiratórias das células da pele em meio aquático, e em terra, nomeadamente durante a hibernação, dentro de limites estreitos de viabilidade consoante as espécies.

"Estas soluções quânticas frias, para T-o < 0°C, caracterizam-se por uma entropia elevada e uma pequena variação de energia A e como energia livre estritamente nuclear, que tende para um máximo de energia de baixa entropia E a -0°C, para se elevar ao regime termo-hidro-dinâmico a T > - 0° C a + 0°C".

No seu curso de zoologia médica (1869), Louis Roule descreveu a respiração cutânea de várias espécies animais, cujo processo respiratório consiste numa osmose líquida em meio aquático, ou numa osmose gasosa em meio terrestre, à medida que o dioxigénio absorvido e o ácido carbónico libertado pela célula atravessam os tecidos. A osmose gasosa ocorre através de tecidos finos, com o animal a respirar através da pele em toda a superfície do seu corpo, um processo de troca direta que, inicialmente, parece estar organizado mais especificamente no sistema digestivo de certas espécies. Nos tunicados e vertebrados, os órgãos respiratórios estão localizados na região anterior do tubo digestivo, enquanto que nos equinodermes[19]Nos Equinodermes, de onde derivam os actuais Equinídeos, que não possuem aparelho respiratório, uma porção específica do intestino, através da sua parede, permite trocas respiratórias com a água que circula na cavidade intestinal em direção ao pólo apical. Nos Enteropneustes, a região anterior do tubo digestivo é perfurada por uma série de aberturas, e a água que o animal absorve pela boca circula por canais e sai por poros. As porções de tecido que separam os canais são atravessadas por numerosos vasos sanguíneos, e o sangue absorve o dioxigénio da água por osmose através das paredes desses canais. Nos tunicados, uma prega do tëgumento envolve quase todo o trato digestivo, transformando-o assim numa brânquia interna, um local específico para a respiração cutânea. As brânquias desenvolvem-se nas larvas de Anuros e Urodelos, proporcionando a respiração em conjunto com a pele antes da metamorfose. Em termos de adaptabilidade, os Urodeles beneficiaram de variações morfogenéticas aleatórias e de eventos naturais de acaso seletivo, com efeitos estruturantes e desestruturantes, através da sua metamorfose, que favoreceram uma transição de fase fisiológica entre o meio aquático e o meio terrestre ao ar livre, favorecendo a respiração cutânea, as brânquias no estado larvar e a respiração bucofaríngea no estado adulto.

Nos lissamfíbios, este contexto adaptativo permitirá uma mudança de ambiente, à medida que as pré-adaptações respiratórias cada vez mais desenvolvidas progridem à velocidade da seleção natural, provocando uma convergência para a respiração pulmonar, que se tornará suficientemente desenvolvida para que muitas espécies se adaptem à vida terrestre. Durante o seu período reprodutivo, o tritão alpino macho (*Triturus alpestris*) desenvolve uma pequena crista dorsal que aumenta a sua superfície de respiração cutânea e utiliza efetivamente a respiração bucofaríngea, contraindo o pavimento da boca. Tal como este último, o caracol dos Pirinéus, ainda muito aquático, manteve um sistema de quatro respirações, incluindo a utilização de brânquias na fase larvar, antes da metamorfose. No entanto, para esta espécie no estado adulto, a respiração cutânea continua a desempenhar um papel essencial, o que levanta várias questões. Em particular, a função das células epidérmicas, que variam de espessura e de forma em contacto com o meio aquático ou terrestre, em função da altitude e das condições climáticas (Anexo 2). Sem descurar o papel determinante do tecido conjuntivo da derme, intimamente associado aos nervos, à linfa, aos capilares sanguíneos e aos pigmentos respiratórios fotossensíveis da epiderme, este sistema cutâneo pareceu-nos um problema essencial que devia ser aprofundado por várias razões. Em particular, pelas que se relacionam com o seu desenvolvimento durante a embriogénese e durante a metamorfose do *Calotriton asper asper,* cujos órgãos se regeneraram após uma amputação acidental - um processo de regeneração inesperado que suscitou interrogações entre muitos investigadores!

---

19 Os fósseis de equinodermes com esqueletos calcários são abordados no volume intitulado "Les fougeres noires", consagrado aos fósseis vegetais do Carbonífero das Cevennes.

No euprotegido adulto, a pele é nua, viscosa e húmida e, como acabámos de descrever, é constituída por várias camadas de células com núcleos polarizados que se formam durante o desenvolvimento embrionário e a metamorfose. A respiração cutânea realiza-se durante as trocas gasosas através das células epidérmicas em contacto direto com a água e, necessariamente, durante a vida terrestre, com o ar; estas trocas realizam-se através do muco, cuja espessura é condicionada pela humidade e pela temperatura exterior, em função da altitude, das estações do ano e das flutuações climáticas. A derme é a camada profunda de células conjuntivas com uma textura elástica. A pele tem a particularidade de não acumular materiais de reserva e de evacuar os produtos residuais do seu metabolismo celular em grande parte localmente. Só adere em alguns pontos, que servem de passagem aos nervos e aos vasos sanguíneos que a alimentam de sangue e de linfa. A epiderme é o tegumento visível e as suas células asseguram as trocas com o exterior em contacto com a água ou o ar, nomeadamente as células glandulares secretoras incorporadas na derme, cujos orifícios excretores proeminentes estão virados para o exterior da epiderme. Distribuídos uniformemente por todo o corpo, no ar, estes agregados celulares funcionais segregam o muco fluido e transparente que forma uma película hidrofóbica de espessura variável.

Em meio terrestre, em contacto com o ar, esta película facilita a respiração cutânea, limitando a evaporação em função das variações de temperatura e de humidade, que variam em função da altitude e das condições atmosféricas sazonais adversas. Sob a pele, as mesmas glândulas mucosas ou glândulas especializadas mais granulosas produzem e excretam um líquido tóxico, que repele os potenciais predadores, mas que, sobretudo, tinha como função inicial :

"Desintoxicação local da pele e das células cutâneas envolvidas na respiração cutânea.

A água é absorvida na pele por difusão osmótica simples, sendo o dioxigénio dissociado da água nas células da epiderme e do tecido conjuntivo da derme e, por fim, absorvido sucessivamente pelos finos vasos linfáticos até à rede de capilares sanguíneos arteriais e venosos. Entre a derme e a epiderme, vários pigmentos respiratórios participam localmente na captação e no transporte de oxigénio, que é depois redistribuído por todo o corpo através da circulação sanguínea geral. Se considerarmos este sistema respiratório cutâneo localizado e praticamente autónomo, o circuito linfático comportar-se-ia como uma rede no sentido inverso, determinando a oxigenação das células cutâneas em relação à circulação sanguínea geral com o seu baixo nível de glóbulos vermelhos. Estes glóbulos vermelhos, portadores de hemoglobina, possuem um átomo de ferro para captar o dioxigénio da água mais ou menos ferruginosa captada pela respiração cutânea e oral-faríngea. Estes osciladores, nomeadamente o ferro, são activos localmente como transportadores de electrões, enquanto a respiração pulmonar[20] é quase inexistente no Euproctus.

Vamos abrir um primeiro parêntesis sobre esta armadilha de dioxigénio. O ferro ferroso (*Fe++*) estava provavelmente presente nos oceanos primitivos (*Haldane, 1955*) e encontra-se em suspensão e no fundo das piscinas ferruginosas altamente oxigenadas dos Euproctes dos Pirinéus. O ferro ferroso *(iões Fe++)* é oxidado em ferro férrico *(iões*

---

20 Nos anuros, a vascularização da pele é mais especificamente assegurada pela circulação sanguínea, que é gerada a partir do arco pulmonar para uma artéria cutânea.

Fe+++) pelo oxigénio, dando origem a um hidróxido férrico insolúvel de cor ferruginosa, uma magnetite de óxido de ferro com forte magnetização permanente (*de Duve, 2011*). Os efeitos do campo quântico deste oscilador bioquímico sobre os átomos e as moléculas na sua vizinhança imediata não podem ser ignorados. Este oscilador biológico reversível, presente nas hemoproteínas e nas cromoproteínas que contêm elementos metálicos, liberta electrões. A transferência destas partículas de carga negativa (iões, electrões) e de carga positiva (protões) contribui para a respiração das células da pele nas mitocôndrias. O campo magnético destes iões metálicos afecta os spins, as estruturas ultrafinas e a quiralidade dos átomos no meio celular da pele, a nucleação e a formação de agregados?

Para responder a esta questão, dediquei um ensaio às baixas energias biológicas envolvidas no metabolismo da célula. Foi necessário um mergulho profundo no abismo da física quântica para explorar o papel abiótico deste excesso de ferro e das bactérias ferro-oxidantes nos cursos de água e nas bacias ferruginosas onde os Euproctes pastam.

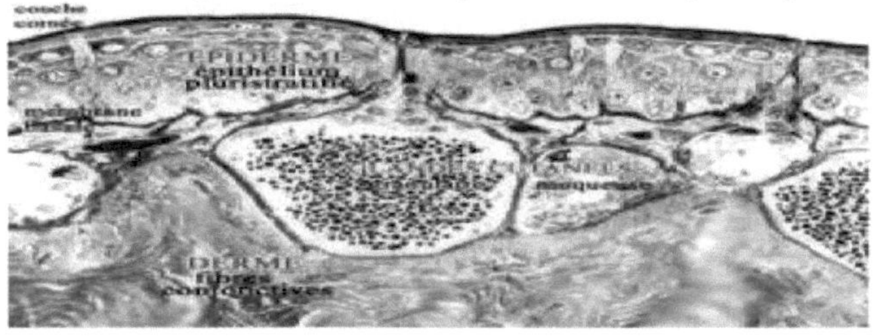

32. *Secção transversal da pele de um Urodele (Echalier G, 2002), a pele está nua,*
a epiderme é o epitélio superficial,
o tecido conjuntivo da derme é irrigado por linfa.

A fina camada cornëe que cobre a epiderme é uma base celular muito perrëable, e é o local das trocas osmóticas que contribuem para a respiração cutânea, "rëgënërëe", e é eliminada durante a muda. Os urodelos têm glândulas mucosas e granulares, cujo número varia consoante a altitude e o ambiente.

As glândulas mucosas localizadas sob a epiderme sëcrëtentam um muco fluido e transparente; a pele é protegida por esta película hidrofóbica de espessura variável, que contribui para a respiração cutânea e ajuda a manter o equilíbrio osmótico interno durante a vida aquática, especialmente durante os dias em terra.

As glândulas granulares, que variam de espécie para espécie, foram especializadas em resposta a múltiplos stresses. Em caso de ataque de um predador, produzem um líquido espesso rico em substâncias venenosas e pensa-se que têm a capacidade de proteger a pele de infecções fúngicas e bacterianas.

[21]Os urodelos são mais ou menos coloridos em função da presença de carotenóides, em função da estação do ano e da idade, nomeadamente durante o período de reprodução mais acentuado. Os tegumentos dorsal e ventral são portadores de cromatóforos, proteínas de várias cores que podem conter um elemento metálico. Estes pigmentos distribuem-se em três camadas entre a epiderme e a derme e são sensíveis às radiações solares e aos raios ultravioletas. Os melanóforos, do castanho ao preto, produzem o seu próprio pigmento, a

---

21 Os carotenóides são hidrocarbonetos pouco solúveis em água e estão associados à clorofila nas camadas lipídicas dos cloroplastos que contribuem para a fotossíntese das plantas.

melanina, um polímero complexo derivado dos metabolitos da tirosina, e a sua estimulação pela luz tende a escurecer a pele. Este escurecimento é generalizado na parte dorsal do euprotecto, aumentando a quantidade de luz e calor absorvidos, protegendo contra os raios UV e contribuindo para o equilíbrio térmico. Existem xantóforos amarelos, como a linha que corre ao longo do dorso, o que me fez pensar na sua fotossensibilidade, e eritróforos, que são pteridinas laranja a vermelhas que cobrem o ventre. Os guanóforos de guanina, a base purina do ADN e do ARN, degradam-se para produzir ureia e ácidos alantóicos, que são libertados nas glândulas secretoras e na corrente sanguínea geral.

***33. Euprocto adulto, linha dorsal
de xantoforos amarelos***

Esses pigmentos podem migrar para a superfície como mëlantóforos, que escurecem ou clareiam o tëgumento, dependendo da luminosidade e da tempëratura. A queda da temperatura provoca o escurecimento, enquanto a dessecação e a diminuição da luminosidade actuam no clareamento, como no caso das cavernicolas ocasionais ou permanentes. Este conjunto de pigmentos é sensível às influências externas e às mudanças internas durante o período reprodutivo, que é controlado pelos sistemas nervoso e hormonal, e, dependendo da idade, reage a várias situações de stress. O seu papel de germes minerais, de activadores (guanina) do desenvolvimento celular, nomeadamente durante o processo de regeneração, que começa com a ativação das células estaminais intersticiais, está ainda por demonstrar.

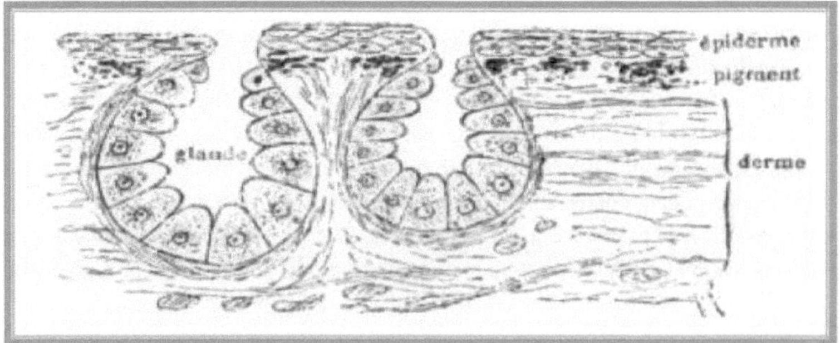

De facto, existem aglomerados pigmentares entre a epiderme e a derme, cromatóforos que suspeitamos desempenharem um papel ativo na respiração cutânea e no desenvolvimento celular por nucleação e agregação. Nesta zona muito dinâmica da pele, existem também células intersticiais que permanecem no estado de células estaminais, que podem ser activadas em determinadas condições. Estas células serão chamadas durante a metamorfose e, mais especificamente, no caso da regeneração dos tecidos, podem ser recrutadas para reconstituir um órgão que foi acidentalmente amputado.

Esta pele de aspeto pustuloso, mais lisa e mais viscosa na larva do que no adulto, desempenha dois papéis essenciais: - *Como principal aparelho respiratório em contacto com a água*, completado por uma respiração bucofaríngea estimulada pela passagem do meio aquático para o ar livre, ela própria prolongada pela utilização acidental de dois sacos alveolares utilizados como pulmões residuais.

- *Um aparelho secretor e excretor local*, cuja função desintoxicante nos parece muito importante para justificar a autonomia celular da pele.

Qual é o papel desta função de excreção, bem como da captação localizada de dioxigénio e da evacuação de dióxido de carbono pelas células, na regeneração dos órgãos?

Esta questão convida-nos a continuar a explorar o papel da pele e dos seus componentes, sucessivamente na água e no ar. Nos lissamphibios, os vasos linfáticos são muito desenvolvidos e, juntamente com os vasos sanguíneos da circulação geral, ramificam-se e formam redes que se abrem em grandes canais. O ducto torácico, que se divide em dois ramos na parte anterior, envia quilo e linfa para os troncos venosos anteriores. Em certos pontos, os reservatórios linfáticos são animados por contracções rítmicas e constituem os chamados creurs linfáticos. Nas rãs, em particular, dois deles situam-se na região escapular, sob a pele do dorso, e dois outros atrás dos ossos da anca.

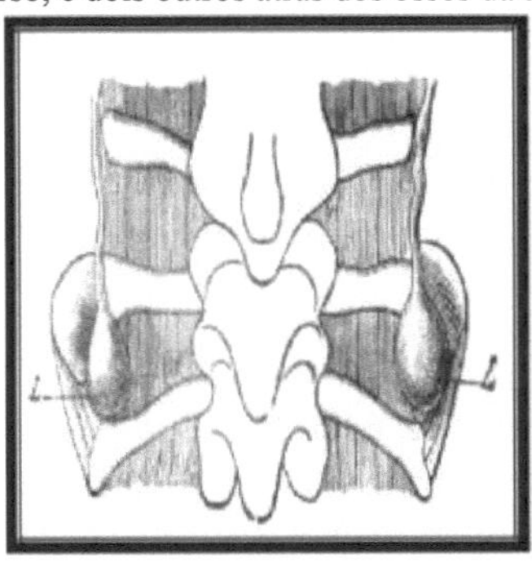

35. Ca'iirs linfáticos (L) de Rana esculenta.

A linfa e a rede de capilares arterio-venosos que irrigam o tecido conjuntivo e as glândulas sëcrëriice estão envolvidas na respiração cutânea e na desintoxicação local por essa drenagem diferencial dupla na direção oposta. Todo o sistema linfático dos anfíbios aparece como uma árvore ramificada terminada por redes ou ampolas terminais, delimitadas por uma parede endotelial.

As suas extremidades cegas, que se anastomosam numa rede terminal, mergulham no tecido conjuntivo da pele e das mucosas, perto dos vasos sanguíneos do sistema venoso e dos nervos.

Em **Rana** temporaria, as fendas linfáticas posteriores são formadas por um espessamento da parede de uma vénula, entre os Urodëles, a formação destas fendas linfáticas foi estudada por Zacwilichowski e Grodzinski (1917) no tritão, **Molge** vulgaris. Descreveram o primeiro aparecimento destas fendas como um espessamento do endotélio venoso. Em 1926, Grodzinski, na larva do Axolotl, observou o desenvolvimento de creurs valvulares na parede venosa, seguido do aparecimento de miofibrilas que produziam as contracções dos creurs linfáticos expulsando a linfa para o sistema venoso, formando reservatórios pulsáteis, a linfa entrava neles quando se dilatavam e saía quando se contraíam. Nos arquivos de anatomia microscópica e morfologia experimental, Justin Jolly descreve as suas investigações sobre o sistema linfático dos batráquios. Considerou o sistema linfático como um conjunto de vasos firmes com uma rede muito densa que se estende até aos tecidos conjuntivos da pele e das mucosas, sem se fundir com os vasos sanguíneos. O biólogo Justin Jolly atribui ao sistema linfático as seguintes funções

\- Ela abasteceria o sangue com células elaboradas nos gânglios linfáticos, para isso, desenvolvo mais o processo de nucleação e agregação no modële celular da gota d'água.

\- Transporta nutrientes.

\- É um reservatório de água para o sangue e contribui para o equilíbrio interno.

As suas fendas linfáticas teriam, por um lado, uma origem venosa por brotamento e, por outro lado, germes vasculares independentes participariam na elaboração do sistema linfático. Nestes casos, interroguei-me sobre os processos de nucleação iniciados por vórtices em germes iónicos (pigmentos) até à formação de agregados capazes de engendrar essa geração ou de provocar a regeneração a partir de uma célula estaminal intersticial ativa. Nos Anuros, os creurs linfáticos recolhem a linfa dos sacos subcutâneos, que Justin Jolly descreveu em pormenor; a rã tem quatro creurs linfáticos, enquanto se pensa que os Urodëles têm um maior número; existem até quinze creurs linfáticos na larva da Salamandra. Ele menciona as contracções rítmicas destes creurs, alguns dos quais regridem durante a metamorfose, provavelmente durante o estabelecimento predominante da circulação sanguínea arterio-venosa geral.

No ensaio sobre as baixas energias biológicas, definimos as causas fundamentalmente aleatórias das pulsações no espaço intermembranar da mitocôndria através de um campo de protões pulsado até à saturação que, no limiar, coordenaria a atividade celular, produzindo a energia (ATP) necessária para induzir as contracções das miofibrilas que dão ritmo às pulsações dos creurs linfáticos e do creur principal.

Para um Anoure, a uma tempëratura de 20°C, a razão de pulsação dos creurs seria de 75 pulsações por minuto para os creurs linfáticos contra 29 pulsações por minuto para o creur da circulação sanguínea gencralo, ou seja, um fator de multiplicação de 2,58, o que corresponde a um regime linear com flutuações amortecidas.

Se as contracções de uma dezena de creurs linfáticos no euprotecto são mais numerosas do que as pulsações do creur da circulação geral, confirma-se a autonomia da respiração cutânea a baixas temperaturas, aumentando a sobrevivência e a longevidade?

A respiração cutânea é particularmente eficaz durante a hibernação, proporcionalmente, quando o batimento cardíaco diminui para uma pulsação em comparação com cinco contracções por minuto, a favor das creurs linfáticas. A pulsação do batimento cardíaco principal é de grande amplitude, enquanto as contracções sucessivas dos vasos linfáticos subjacentes são de baixa amplitude e prolongam-se entre duas sístoles do batimento cardíaco da circulação geral, cuja longa diástole é discretamente completada pelas cinco contracções por minuto dos vasos linfáticos. Os batimentos creur dependeriam do campo pulsátil limiar resultante da rede mitocondrial das células cujo ATP activaria e coordenaria o movimento das miofibrilas cardíacas. Se considerarmos a hipótese de que a atividade das células criadoras é coordenada por este campo resultante, existe uma solução discreta "Fria" no domínio quântico que produziria uma energia livre mínima num regime termo-hidrodinâmico "Quente", suficiente para manter a vida a cerca de 0°C?

[++]As mitocôndrias absorvem ou armazenam sódio na troca *Na+/Ca* que regula a concentração de cálcio extracelular nas miofibrilas, condicionando a contratilidade do creur principal, complementada pela dos creurs linfáticos autónomos. O papel iminente do c_{A++} será visto no capítulo sobre o desenvolvimento do ovo, onde o contacto entre o espermatozoide e o oócito provoca uma descarga de cálcio que depende da atividade mitocondrial.

Em função da pressão atmosférica em altitude, da altura dos rios e dos ajustamentos de flutuabilidade ligados ao comportamento da escumadeira, a água que se difunde através das células da pele actua sobre a circulação da linfa, que transporta nutrientes e produtos celulares, hormonas e glóbulos brancos dos sistemas imunitários específicos. A ação da linfa e dos seus criadores não deve, portanto, ser negligenciada na nucleação e formação de agregados, durante um processo de cicatrização e na regeneração de um órgão amputado, na medida em que houve uma integração prévia destes processos nos genes das células da pele durante a evolução dos Urodeles.

Como a pele não tem reservas, a linfa drena o excesso de líquido e contribui para a desoxidação da pele através das células epiteliais, nomeadamente em direção às glândulas secretoras e excretoras. As glândulas mucosas, que segregam o muco, e as glândulas escamosas estão inseridas na derme; as glândulas escamosas são pequenos orifícios em forma de cul-deac revestidos por um leito de células secretoras que produzem um veneno de toxicidade variável consoante a espécie. A pele viscosa dos anfíbios deve-se à presença destas glândulas cutâneas secretoras de muco; nos Urodeles, estes agregados de glândulas multicelulares conferem à pele o seu aspeto rugoso. Implantadas no tecido conjuntivo, estas glândulas estão cobertas de células que formam um volume oval com um ducto excretor anular que sobressai da epiderme. O volume secretor revestido de células secretoras é aproximadamente esférico no caso das glândulas mucosas e mais oval no caso das glândulas granulosas.

Diretamente ligada ao tecido conjuntivo fornecido pela linfa, a camada exterior é constituída por fibras musculares lisas que formam um anel na parte superior do canal excretor. I - O epitélio das células secretoras é muito diferente se compararmos as glândulas mucosas que produzem mucina e as grandes células granulares que segregam substâncias tóxicas.

A profusão destas glândulas está sujeita às condições do meio externo aquático ou aéreo, consoante a espécie de Urodeles, e o seu desenvolvimento depende provavelmente, em conjunto com as células estaminais intersticiais disponíveis para se agruparem em agregados, da sensibilidade dos nervos, da irrigação pela linfa e dos capilares situados à superfície do tecido conjuntivo, junto à superfície da epiderme. A sua formação resulta de flutuações do meio externo (temperatura, humidade, pressão, luminosidade) e da configuração interna que acabámos de descrever, que provocam um ajustamento do seu número e da sua distribuição. Em particular, estímulos como os percebidos nos lobos ópticos para a sensibilidade visual, que desencadeiam a contração instintiva do sistema bucofaríngeo, combinados com os sentidos na espinal medula em caso de défice de dioxigénio, com o excesso de dióxido de carbono e de toxinas a serem evacuados para as glândulas pelas células da pele. Estes estímulos são tidos como propícios à sua formação, crescimento e número, que se inicia com o estabelecimento de um botão celular sólido que começa com a nucleação, provavelmente induzida pelo fluxo linfático, para formar um agregado inicial de células que se aprofundam com o aparecimento de uma cavidade glandular fechada, seguida da formação do ducto excretor. O sistema de secreção e excreção actua simultaneamente, externamente através deste canal anular, e internamente por difusão, em contacto com a rede linfática e capilar, pela reação dos sistemas nervoso e hormonal que actuam ao nível dos nervos glandulares estimulados após uma perturbação luminosa (UV) e/ou térmica, ou por pré-adaptação, reagindo à agressão de um predador por um estímulo visual ou por captura direta. O tecido de fibrilas nervosas excitadas que envolve a túnica muscular produz contracções rítmicas que alteram o volume das glândulas. Em resposta a uma agressão de intensidade específica, o sistema nervoso desencadeia a produção de muco e a excreção de muco ou de substâncias tóxicas em excesso, utilizadas como veneno, para a superfície do corpo. A excreção interna mais difusa confere ao euprotegido uma certa imunidade à sua própria toxina, sendo parte do veneno libertado na linfa, diluído no sangue, com perda de toxicidade e eliminação através da urina. Por outro lado, uma pequena quantidade seria transportada no tecido ovariano para as células germinativas e contribuiria para a orientação do ovo. Estas glândulas são irrigadas em contacto direto com a linfa e simultaneamente percorridas pela rede capilar de artérias e veias, o que contribui eficazmente para a desintoxicação local da pele e da linfa, complementada pela circulação sanguínea geral que desintoxica o organismo (fígado). Durante a revolução dos Urodeles e dos Anuros, a secreção de um líquido tóxico tornou-se seletivamente disponível para neutralizar um predador. O muco cutâneo venenoso[22] é inodoro e tóxico para lagartos e pequenos mamíferos; em pequenas doses é um veneno estupefaciente. No entanto, em doses mais elevadas, a sua ação patológica torna-se convulsiva, provocando salivação e morte. É aconselhável não tocar ou manipular os anfíbios para evitar ferimentos. Acabámos de ver que estas glândulas interagem com o sistema nervoso e com o aparelho respiratório sob a forma de capilares e de linfa, cujo papel principal salientámos.

Em caso de stress termo-hídrico ou de ataque de um predador, o impulso nervoso provoca a excreção de muco para se proteger da desidratação e, em caso de ataque, utiliza a dëtoxinação inicial, tornada mais selectiva pela excreção de um veneno, para se defender de um agressor, utilizando a toxicidade dos produtos sëcrëtës pelas células da pele.

Em comparação com as Crelenteres, a medusa absorve os seus alimentos e rejeita os resíduos através da abertura central do caelenteron, onde actuam as enzimas digestivas, enquanto os seus tentáculos urticantes acumulam veneno. Ao filtrarem a água do mar, as células que revestem esta cavidade digestiva participam diretamente na desintoxicação do

---

22 Nouveau traite de pathologie, Charles Bouchard e Georges-Henri Roger, 1914.

corpo da medusa, mantendo a toxicidade dos tentáculos que esta utiliza para capturar e absorver as suas presas. Enquanto nos Plathelminthes a depuração se efectua após o trânsito do líquido através das células, sendo a eliminação dos resíduos feita através de um canal específico que forma os primeiros rins, estes protonefros tornaram-se os mesonefros dos órgãos excretores dos peixes e dos anfíbios, o que não exclui a excreção ultra-renal através da pele, como foi demonstrado em Urodeles. No caso do Euproctus, pensa-se que a substância tóxica é um ácido não alcaloide, uma pseudo-lecitina hidratada que se decompõe em contacto com a água para dar alanina[23]ácido fórmico e ácido etilcarbilamina-carbónico. O stress térmico-hídrico provoca a produção de uma espessa camada de muco protetor, enquanto a dessecação da pele leva à cessação da respiração cutânea, sob a ação dos raios solares. À medida que a pele morre, fica coberta de mucina, comparável à mucilagem que protege as algas na maré baixa.

Nos peixes, as glândulas mucosas multicelulares produzem um muco que cobre as escamas. O tubarão da Gronelândia (***Somniosus*** *microcephalus*), que nada entre 200 e 2000 metros para se alimentar em águas a menos de 2°C, possui células cutâneas que segregam óxido de trimetilamina, uma substância tóxica que não tem qualquer utilidade contra os predadores, para além de ajudar a desintoxicar a pele. O seu organismo, submetido a temperaturas muito baixas e a pressões consideráveis a grandes profundidades, mantém um elevado nível de salinidade corporal.

No tritão-da-terra de cor amarela (***Triturus*** *alpestris*), pequenas glândulas mucosas cobrem toda a superfície do tegumento. Os grandes aglomerados de glândulas granulosas de veneno estão situados nos lados e na parte superior do corpo até à cauda, atrás da órbita e no pescoço, os órgãos-alvo dos predadores. Quando atacado, o veneno pode ser projetado a alguns centímetros de distância ao ver um predador ou em caso de contacto súbito. Embora a pele do tritão-de-crista alpino seja lisa na água, durante a sua vida terrestre assume um aspeto rugoso, com asperezas cónicas discerníveis na superfície da epiderme, como no Euproctus.

No Axolotl, em caso de gene termo-hídrico, o veneno mucoso é libertado por um afrouxamento do canal excretor anular, enquanto que as glândulas granulares do veneno tóxico actuam por contração. Esta diferença de reação, passiva e lenta num caso e altamente reactiva no outro, demonstra uma resposta de defesa adaptativa através do sistema nervoso cutâneo ao ataque súbito de um predador.

O sapo é, portanto, capaz de absorver e eliminar água e substâncias dissolvidas através da sua pele. Em comparação com a pele dos anuros, a pele do sapo é mais espessa, mais áspera, mais seca ao contacto e menos vascularizada. No ar, a absorção através da pele é reduzida, enquanto a secreção tóxica é elevada. Nas rãs, a pele é mais fina, permanece húmida e altamente vascularizada, a absorção é mais rápida e a toxicidade varia de espécie para espécie em função da sua adaptabilidade.

---

23 A alanina ou ácido alfa-amino-propiónico é um aminoácido presente na coenzima A, que intervém ativamente na transferência de grupos, participando na oxidação dos ácidos gordos e na síntese da alanina. Um ARNt específico da alanina contribui para a formação de proteínas.

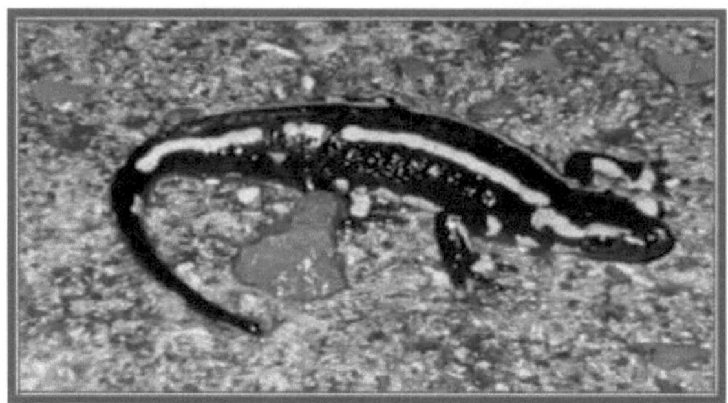

36. Salamandra terrestre, Salamandra salamandra.

Para todas estas espécies, com o aumento da temperatura, a permeabilidade da pele aumenta e o metabolismo torna-se mais rápido sob o efeito do stress térmico e hídrico, até que a secura provoca a desidratação, seguida de danos irreversíveis nos tecidos e nas células se o anfíbio não encontrar água ou um refúgio húmido para se reidratar. A rugosidade da superfície da pele, a sua constituição e a sua espessura variam efetivamente em função da altitude, da luz e da temperatura, à medida que se passa de um meio hídrico para um meio terrestre.

As trocas gasosas entre a água e a pele permitem a transferência direta do dioxigénio para as células epidérmicas e os seus núcleos, muito polarizados em função da profundidade da camada celular, por simples difusão e osmose através das membranas celulares epidérmicas, por dissociação química da água, até à derme, cujo tecido conjuntivo é abundantemente vascularizado, para além das brânquias, muito activas durante a fase larvar aquática, antes da metamorfose.

Antes de entrar em mais pormenores neste capítulo, resumindo, a respiração cutânea alimenta diretamente o tecido conjuntivo irrigado pela linfa, que se liga às redes capilares das artérias e das veias da circulação sanguínea geral. O tecido conjuntivo altamente vascularizado e inervado está acoplado localmente aos pigmentos situados entre a derme e a epiderme, que participam no processo respiratório cutâneo. Esta unidade altamente inervada é sensível às condições fisiológicas internas e muito reactiva às flutuações ambientais. Este sistema respiratório participa na captação, difusão e fixação do dioxigénio nas células cutâneas, e a linfa do tecido conjuntivo transporta-o em sentido inverso ao da circulação geral, que é alimentada pelo sangue, com um fornecimento complementar de dioxigénio pelo sistema respiratório buco-faríngeo, que é ativado na água e ainda mais ao ar livre.

Quando o Euproctus se encontra num estado de stress respiratório compensado pela ingestão bucofaríngea, se esta situação de desconforto persistir, a sobrecompensação estimula ainda mais o sistema respiratório pulmonar primitivo, ainda reduzido à sua expressão mais simples.

37 e 38. Sapo comum, Bufo bufo e sapo meio devorado,
sob o efeito repulsivo do veneno.

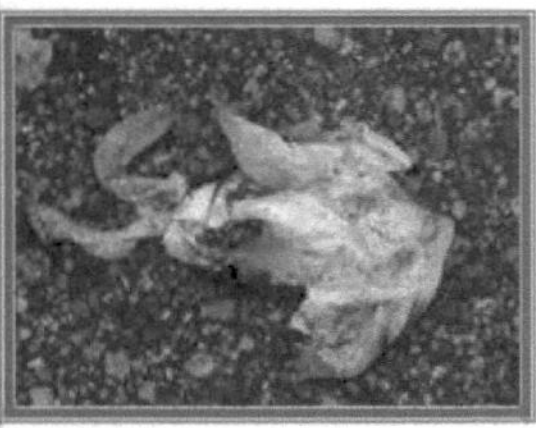

39 e 40. Rã vermelha e rã esfolada,
completamente devoradas (Mont Lozere, 1.400 metros)

Se adoptarmos esta hipótese evolutiva, entre outras, o atalho da respiração através da pele leva a uma evacuação eficaz dos resíduos celulares da epiderme para a derme, altamente vascularizada pela linfa, em direção às glândulas secretoras e excretoras de muco, que procedem depois a uma desintoxicação direta das células e do tecido conjuntivo, produzindo uma espécie de gel através de glândulas especializadas. Este muco mais ou menos espesso revela-se muito útil quando é libertado ao ar livre e, devido à sua toxicidade adquirida, tornou-se seletivamente positivo para a sobrevivência dos Euproctes, afastando os potenciais predadores. Da mesma forma, ao evitar momentaneamente uma desidratação letal, constituiu gradualmente uma vantagem selectiva séria durante os seus primeiros movimentos terrestres. Muitos anfíbios segregam toxinas a partir de glândulas granulares especializadas, num líquido mais espesso do que o muco. Consoante as espécies, estas secreções incluem aminas, polipéptidos e alcalóides, como a batracotoxina e a tetrodotoxina. São muito eficazes nos adultos, provocando queimaduras e entorpecimentos que obrigam os predadores a largar as suas presas, e por vezes conduzem a envenenamentos mortais, razão pela qual são utilizadas por certas tribos de caçadores para impregnar as suas flechas. Estas toxinas são objeto de estudos farmacêuticos com vista à sua utilização em doses infinitas nos medicamentos.

No ar, em função da temperatura, da luz e da humidade exteriores, o muco acumula-se rapidamente na pele, protegendo-a da desidratação e participando nas trocas gasosas, modulando as diferenças de pressão entre o ar e o meio interno. A desintoxicação pode então ser amplificada, como em certos tritões e sapos mais terrestres, cujas glândulas mucosas, mais numerosas e altamente tóxicas, são claramente diferenciadas. Segundo a nossa abordagem, baseada nas nossas observações e inspirada nos dados de R. Despax, a respiração cutânea na água dá autonomia ao metabolismo celular periférico constituído pela superfície da pele. A epiderme e a derme funcionam como uma membrana entre dois meios hídricos externos e internos praticamente semelhantes. Como resultado da dissociação química da água, ocorrem trocas de dioxigénio, hidrogénio (protão e eletrão), electrões, iões, oligoelementos[24][25] As trocas de oxigénio, de hidrogénio (protão e eletrão), de electrões, de iões, de oligoelementos e de ferro, constituinte ativo da hemoglobina (anexo 5), omnipresentes nas piscinas de altitude, atingem diretamente as células da pele. Por extensão, esta respiração celular localizada permite a oxigenação do tecido conjuntivo, muito irrigado pela linfa dos vasos sanguíneos periféricos, inicialmente no sentido inverso ao do sistema circulatório geral. Este último, que se tornará mais elaborado nos mamíferos, podemos ver o início desta derivação para a circulação geral observando a respiração bucofaríngea e os pulmões ainda pouco desenvolvidos que completam a respiração cutânea em muitos Urodeles. Na água, a pressão externa desempenha um papel, por simples difusão e osmose nas camadas de células epidérmicas, no equilíbrio entre o meio hídrico externo e o meio celular interno, onde a espessura das camadas celulares, a rugosidade e a constituição dos agregados celulares variam consoante a altitude e o clima, num meio hídrico ou aéreo (anexo 4). O ar contém mais oxigénio do que a água e, num meio aquático pobre em oxigénio, o euproctídeo procura zonas de turbulência das correntes para melhorar a ventilação das células da pele, uma vez que a tensão de dióxido de carbono permanece baixa nestas condições.

No entanto, ao ar livre, que é mais rico em oxigénio, a ventilação cutânea é menor do que na água e a tensão de dióxido de carbono aumenta, o que, em caso de esforço sustentado, exige uma compensação respiratória dirigida principalmente para o modo bucofaríngeo, prolongada por uma sobrecompensação respiratória acidental para os alvéolos em demanda. Após um longo período de adaptação através da variação genética e da seleção natural, estes sacos serão gradualmente adaptados a pulmões funcionais ao ar livre. As alterações na tensão de dióxido de carbono modulam o equilíbrio ácido-base em ambientes aquáticos e aéreos de diferentes formas, através de flutuações na concentração de iões de hidrogénio. O potencial hidrogeniónico *(pH)* corresponde ao gradiente de protões *H+*, e estas variações de acidez intervêm na atividade enzimática que, num *pH* ótimo, proporciona uma atividade máxima. O *pH* do organismo permanece quase idêntico entre a água e o ar, e este efeito tampão traduz-se por um aumento dos iões carbonato compensado por um aumento dos iões cloreto *(Cl-)*, com uma diferença notável na concentração de *(Cl-)* entre o meio aquático e o meio aéreo. Isto é particularmente verdadeiro para os anfíbios, que passam de um estado larvar para um estado adulto mais ou menos terrestre através do processo de metamorfose. Durante a hibernação, o cloreto de sódio dissolvido, combinado com glicopeptídeos anticongelantes, ajuda a baixar o ponto de congelação das células. Quando o metabolismo abranda, a redução dos batimentos cardíacos e as contracções dos vasos linfáticos conduzem a uma diminuição do dioxigénio e a um aumento do dióxido de carbono no sangue, este último criando uma acidose que provoca o adormecimento do organismo. Sob a ação do frio, os sais concentrados de cloreto de sódio aceleram a eficácia das glicoproteínas anticongelantes, que substituem a água nas células da pele, impedindo-as de congelar. Nas mitocôndrias

---

24 A carência de vitamina C provoca doenças de pele.
25 O oxigénio dissolve-se diretamente nas células da epiderme e no plasma do sangue que irriga a derme vascularizada, onde se liga à hemoglobina, que transporta quatro moléculas de oxigénio.

destas células, a acidose provoca um fornecimento suplementar de protões reactivos *(H+)** no espaço intermembranar, o que amplifica o campo de impulsos limiares mitocondriais *El'(ll+)** e a produção de ATP a baixa temperatura. Este excesso de energia *A€AV(H+)** manifesta-se pela termogénese, que mantém um mínimo de coerência vital a cerca de 0°C, correspondente à redução dos impulsos do creur sistólico principal curto, que é completado pelos creurs linfáticos com contracções longas, repartidas por cinco ciclos consecutivos. Na ausência de uma exploração mais completa deste processo no Euproctus, estou apenas a abrir o campo de investigação cujos efeitos discretos mencionei no meu ensaio sobre as baixas energias biológicas.

A acidose acidental é efetivamente compensada pela variável de ajustamento do aumento dos iões carbonato, que pode ter ocorrido entre os períodos Devoniano, Carbonífero e Permiano. O aumento da tensão de oxigénio no ar levou a um aumento da concentração de carbonato e à sua reequilibração quando a temperatura externa aumentou, uma variável de ajuste importante na atividade enzimática das células em função da acidez. Durante os períodos de aquecimento climático natural, o calor provocava um excesso de gasto de energia pelo metabolismo e o stress térmico instalava-se, pressionando o organismo a produzir um muco protetor e excretor, que desintoxica a acidez resultante. Este stress actuou sobre a atividade do aparelho respiratório buco-faríngeo, ainda pouco eficaz, mas já existente e seletivamente suficiente para substituir a respiração cutânea. Além disso, desencadeou a procura de água ou de alimentos hidratados aquando da passagem para um meio terrestre húmido, por vezes seco e frio, o que fez com que os anfíbios passassem por uma verdadeira transição fisiológica entre estes dois meios. Durante a sua evolução, beneficiaram do processo de metamorfose com brânquias, as suas propriedades respiratórias cutâneas estabelecendo uma ponte respiratória para a via oral-faríngea e, em menor grau, para a via pulmonar em formação. A passagem da água mais ou menos dissociada através das membranas celulares não é neutra, nomeadamente para as partículas carregadas como o *H+* que determinam a acidez ou a basicidade do terreno biológico, bem como para os electrões e os iões envolvidos no metabolismo e na respiração celular, nomeadamente o ferro. A sua passagem através das membranas celulares e de organelos como as mitocôndrias determina a energia potencial livre fornecida sob a forma de *ATP,* em função do fornecimento de *ADP* e de fosfato *(P) às* células da pele. Descrevemos a epiderme, constituída por duas a três camadas que estabelecem uma fina espessura diferencial entre as células unidas e sobrepostas e que, ao nível das membranas celulares, efectuam transportes que vão satisfazer as necessidades de dioxigénio do tecido conjuntivo.

Esta disposição contribui para a estabilidade estrutural e para a dinâmica vital do organismo, que é mantido num equilíbrio instável em torno de uma média viável pelos alimentos ingeridos pelos Euproctes, contribuindo para o metabolismo de base que alimenta os órgãos para abastecer o circuito sanguíneo geral, para além do circuito sanguíneo localizado e autónomo das células cutâneas. É constituída por uma fina camada de células activas dispostas em camadas comparáveis a cristais mais ou menos líquidos que beneficiam diretamente da capacidade de dissociação da água, cujos produtos podem ser diretamente recuperados por células com núcleos polarizados. De acordo com a nossa hipótese, as células da pele respiram por "impulsos", absorvendo o dioxigénio e libertando o dióxido de carbono, sendo a difusão do dioxigénio progressiva até ao tecido conjuntivo, que é banhado pela linfa. Esta difunde-se em oposição e em ligação com os capilares sanguíneos da circulação sanguínea geral, sem descarregar os resíduos numa longa viagem através do corpo, mas por desintoxicação direta e localizada, dirigida principalmente para as glândulas incluídas na pele. O transporte membranar nas células epidérmicas permite a passagem de iões e moléculas através das membranas, do exterior para o interior, graças às propriedades físicas e bioquímicas das membranas, constituídas por lípidos e proteínas embebidas nas membranas.

Estes complexos proteicos de base estão muito envolvidos no transporte de moléculas de oxigénio, de iões e de electrões, bem como na translocação de protões nas mitocôndrias. Para gerar estes fluxos nas células, existem gradientes transmembranares que afectam as células epidérmicas com potenciais de ação de alguns milivolts que provocam estas reacções pulsáteis. Estes gradientes são cruciais para a atividade celular e são iniciados pela interação dos fluxos de electrões durante a oxidação-redução, em conjunto com os campos electromagnéticos dos protões altamente reactivos no espaço intermembranar mitocondrial, que actuam instantaneamente para modificar a forma dos átomos e das moléculas do meio celular. Com base no princípio seguinte, o campo quântico pulsado em saturação de "protões e fotões", no limiar, atingiria uma celeração superior à das reacções bioquímicas. Consequentemente, este campo quântico e os seus derivados constituiriam a unidade coordenadora das células, que perturbaria instantaneamente as conformações químicas dos átomos e das moléculas do meio celular, modificando os entrelaçamentos bioquímicos e desencadeando, ao mesmo tempo, flutuações e dissipações termo-hidrodinâmicas. Este processo hipotético contribuiria para o transporte passivo e/ou ativo, "alimentando" espontaneamente a célula com metabolitos durante a fase de pulsação das células cutâneas, atividade curta que precederia a longa fase metabólica intramitocondrial do ciclo de Krebs.

No Euproctus, a respiração cutânea associada à excreção, autónoma e localizada, condiciona o seu desenvolvimento, a metamorfose e, consequentemente, a regeneração dos seus órgãos. Esta sensibilidade é notável na pele, nos olhos e nos intestinos, que são capazes de sofrer simultaneamente uma histólise destrutiva e uma histogénese estruturante. No caso do oxigénio dissolvido na água, o seu transporte através das membranas pode ser considerado passivo, na medida em que o meio externo é considerado "quase" semelhante ao meio interno, com uma ligeira sobrepressão da água em função da altitude e da profundidade. As moléculas de oxigénio difundem-se através das membranas celulares, sendo a pressão osmótica diferencial que gera este movimento; no caso da água, esta difusão simples é facilitada pelas aquaporinas, canais selectivos de cerca de 2,8 Amstrong para a passagem de uma única molécula de água e para o seu transporte inter-membranar, impermeáveis aos protões. Como acabámos de descrever, na mitocôndria, os protões são translocalizados por transportadores específicos que fornecem energia à célula sob a forma de ATP. Simultaneamente, estes transportes transmembranares activos são efectuados por complexos proteicos especializados, encarregados do transporte de iões, de electrões e de protões. O potencial de uma membrana varia em média entre -50 e 200 mV, dependendo da permeabilidade das células que compõem o tecido cutâneo, cuja sensibilidade à luz, à temperatura e à oxigenação já mencionámos no Euproctus. As necessidades de oxigénio, hidrogénio, electrões e iões do organismo dependem da espessura da pele, cuja constituição está ligada à altitude e à temperatura do meio hídrico, provocando uma adaptação pontual e não definitiva que, consoante as circunstâncias, é exposta à seleção natural através destas modificações bioecológicas reversíveis ou de variações morfogenéticas irreversíveis. Este processo a longo prazo, iniciado por dispositivos genéticos e epigenéticos, é simultaneamente conservador e, a longo prazo, dá início a adaptabilidades inovadoras:

"Estas contingências evolutivas de natureza estocástica manifestam-se por uma adaptabilidade estruturante e/ou desestruturante que distorce irreversivelmente as espécies através das suas variações morfogenéticas, que são fundamentalmente aleatórias na sua relação com as circunstâncias fortuitas da seleção natural, de geração em geração".

Este é o paradigma fundamental dos processos evolutivos complexos.

Para compreender estes limites de reversibilidade, vejamos a dinâmica do complexo muco, epiderme e derme. A formação de uma película de adsorção que se acumula na superfície de uma fase condensada adsorvente é formada pela pele e pelo muco mediador. Esta fina camada composta é fisicamente ajustada ao seu ambiente por uma concentração superficial limitante que forma uma densa espessura monomolecular da substância adsorvida, que pode ser quer diretamente a água do ambiente aquático externo e interno, quer indiretamente a humidade do ar. Como resultado desta variável de regulação, esta película bidimensional é modificada e, devido a esta metaestabilidade induzida, o muco adopta uma configuração optimizada do seu meio biológico às condições ambientais. No caso da pele, e mais especificamente da epiderme com a sua camada de muco em contacto com o vapor saturado, existe uma dependência de um potencial químico, ou mais precisamente de um potencial bioquímico, porque a película de muco está carregada de minerais (pigmentos, iões) e de outros componentes biológicos (toxinas, mucina), na sua relação com a do potencial químico da água e da humidade absorvida, o que define duas condições de equilíbrio:

- Na água, a película muito fina é praticamente indistinguível da massa de água circundante, optimizando a absorção local de oxigénio e a desintoxicação.

- No ar, dependendo da temperatura e da humidade, a película permanece estável para uma espessura abaixo de um limite correspondente ao seu equilíbrio com o vapor saturante do ambiente húmido, depois a partir deste ponto limite até um máximo, distingue-se por uma metaestabilidade variável que determina a secreção e a espessura do muco excretado. O sistema glandular da pele, que é muito solIIcitë para o manter, adapta-se através de uma nucleação interna iniciada pela circulação da linfa sobre os iões germinativos com os efeitos estruturantes mencionados anteriormente, seguida da formação de agregados celulares que formam glândulas de muco. São as flutuações e as dissipações deste muco ultrassensível e metaestável que contribuem para a formação das células activas da epiderme e do tecido conjuntivo inervado e duplamente vascularizado da derme. As suas reacções epigenéticas às perturbações externas reagirão de forma significativa às variações adaptativas do seu potencial físico-bioquímico interno, através do desenvolvimento de aglomerados glandulares adicionais, alguns dos quais se revelarão tóxicos. Ao ar livre, na ausência de água, em função da humidade ambiente e da desidratação provocada pela temperatura exterior, o muco metaestável desempenha o seu papel de intermediário na respiração das células cutâneas. Ele assegura temporariamente a transição entre os meios líquido e gasoso a que os Euproctes estão expostos durante as suas deslocações fora de água e durante a sua vida terrestre, principalmente durante a hibernação e, mais ocasionalmente, na fase larvar. A pele composta, o muco adsorvente, uma película superficial de absorção, passa por esta curta fase de metaestabilidade, que

acreditamos desempenhar um papel adaptativo em resposta às variações de altitude, temperatura e humidade. Como acabámos de mostrar, as mudanças de estado externo estão ligadas à interdependência dos potenciais físico-bioquímicos dos componentes estratificados pele-muco, que interagem para manter o equilíbrio interno, adaptando o aspeto das rugosidades constituídas por agregados celulares, aumentando o seu número e a sua atividade, até à diferenciação das glândulas cutâneas. Este estado é muito instável ao ar livre em comparação com o ambiente aquático, onde o oxigénio está trinta vezes mais concentrado e se difunde mais ou menos rapidamente através da superfície da pele, dependendo do sistema de difusão específico de cada família de anfíbios. Na maioria dos Urodeles e Anuros, encontramos o muco, a epiderme e o modelo de derme altamente vascularizado, provido de pigmentos, sensores termo-fotossensíveis, para além dos utilizados para transportar o dioxigénio, como a hemoglobina e a oxihemoglobina da circulação geral. A partir de uma certa fase da evolução dos anfíbios e dos urodelos, esta sensibilidade adaptativa foi substituída pelas pulsações celulares da respiração cutânea pela respiração buco-traqueal, muito rítmica nos anfíbios anuros. Progressivamente, o sistema respiratório pulmónico tornou-se muito mais complexo, com alvéolos pulmonares que sugeriam a utilização de pulmões nos mamíferos, favorecendo a circulação geral do sangue através do creur em detrimento da respiração cutânea. A concentração de oxigénio no ar é de 209 ml/l, enquanto que na água é de apenas 7 ml/l, o que dá uma relação de 1/30. A transição do meio aquático para o meio terrestre colocou e continua a colocar uma série de problemas quando :
- Com o agravamento da seca e a diminuição da humidade, a desidratação instala-se, provocando um stress hídrico e térmico que leva a compensações de curta duração, e eventualmente a sobrecompensações salutares, seguidas de patologias agravantes e da morte.
- Em terra, há que ter em conta o efeito acentuado da gravidade (anexo 4) e a perda de elevação devido à água, que aumentam o gasto de energia durante o movimento. Em resposta a estes constrangimentos, deu-se um processo de retenção de água através de adaptações anatómicas e fisiológicas dos sistemas sanguíneo, renal, cerebral e hormonal, envolvendo uma metamorfose necessária.
Assim, as proteínas plasmáticas são mais numerosas nos anfíbios terrestres do que nos que permanecem aquáticos, e a vasotocina retarda a diurese, participando no equilíbrio osmótico. A resposta do organismo ao stress termo-hídrico, para sobreviver ao frio ou ao calor, processa-se em etapas ëvolutivas que vão desde a instalação gradual de vários processos de metamorfose até à prática da hibernação. Primeiro vem uma reação de alarme, que se manifesta em poucos minutos à medida que o organismo se adapta à agressão térmica acompanhada de um movimento para se abrigar ou beber imediatamente, senão provocando uma migração, para um local menos hostil. As glândulas endócrinas libertam hormonas que aceleram o ritmo cardíaco e respiratório, aumentam a glicemia e a transpiração e, neste caso, a secreção cutânea. As pupilas dilatam-se, intensificando o papel do sistema ótico, enquanto a digestão e o metabolismo abrandam. A resistência do organismo entra em ação, regulando as perturbações através das proteínas de choque térmico, até que estas deixem de as poder compensar. Isto conduz a um período de exaustão, com efeitos irreversíveis para o organismo. Esta resposta neurobiológica ao nível das células e do organismo é prolongada por um comportamento de sobrevivência e, eventualmente, por uma sobrecompensação final que se manifesta em reacções ancestrais

e, por vezes, em comportamentos inovadores com consequências sociais, cooperativas ou competitivas que não são negligenciáveis para os instintos sociais dos animais e que induziram na espécie humana um efeito de inversão civilizacional único, abordado nos capítulos finais.

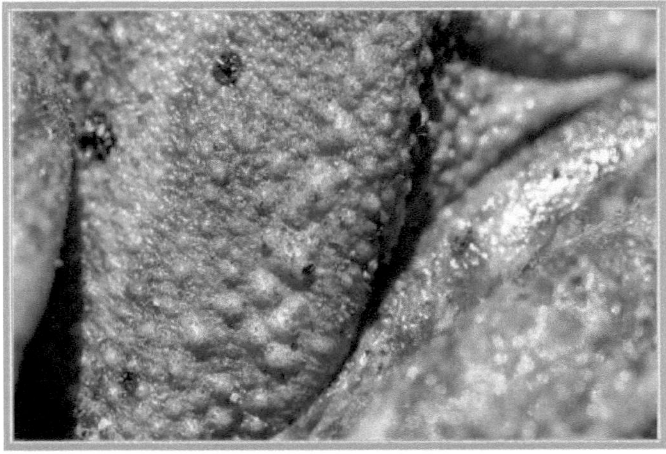

41. Muco na pele de uma rã vermelha
(Mont Lozere, 1400 metros)

Para os lissamfíbios, o desafio tem sido vital para assegurar a transição entre os ambientes aquático e terrestre, húmido e seco, uma vez que mencionámos que as trocas gasosas demoram mais tempo a atravessar a pele no estado "seco". No decurso da sua evolução, isto significou que as estruturas da pele tiveram de ser mantidas húmidas dentro de certos limites de stress fortemente adaptativos, durante os processos de metamorfose e hibernação.

O organismo anfíbio sofreu ajustes ao ambiente em mudança, favorecendo pré-adaptações como a respiração bucofaríngea. Associado à contração dos lóbulos ópticos, o assoalho bucal, em movimento rítmico, apresentava um tecido conjuntivo anteriormente sensível ao fornecimento e difusão forçada de dioxigénio por estas contracções, ao mesmo tempo que iniciava a respiração pulmonar, reduzida a alguns sáculos, função que se foi expandindo gradualmente. Procuraremos as origens destes modos respiratórios na filogenia dos lissamfíbios e observando a sua ontogenia, bem como descrevendo as adaptações reversíveis às condições de vida dependentes da altitude nos Andes e às experimentadas no espaço, fora da gravidade (Anexo 4.), em comparação com as nossas observações de Euproctes nos Altos Pirinéus. Durante a hibernação, o seu metabolismo é reduzido ao mínimo, num estado de torpor, está imóvel, sem movimento e sem alimentação, respirando exclusivamente através da pele como acabámos de demonstrar, retransmitida pelos creurs linfáticos. *A **Salamandrella** keyserlingii,* que vive no norte da Sibéria, perde água para aumentar a sua salinidade e baixa o seu ponto de congelação utilizando anticongelantes (glucose, glicerol). O período de hibernação contribui para o desenvolvimento das células sexuais no domínio das baixas energias biológicas, um campo de investigação ainda por explorar... Depois de descrevermos os processos respiratórios dos Euproctus e de constatarmos as capacidades adaptativas dos seus sistemas respiratórios, que se pensa serem autónomos ao nível das células da pele, para corrigirmos os nossos modelos da sua evolução, precisamos de assimilar outros dados relativos à ontogenia, à metamorfose e à regeneração dos órgãos. Comecemos por discutir as condições iniciais do desenvolvimento embrionário dos Euproctus.

42. Um anfíbio a hibernar num riacho
no Monte Lozere, a 1400 metros.

Capítulo V

Ontogenia do Euproct.

A evolução dos Urodeles, procedeu de um período de diferenciação entre os Anuros e os Urodeles, nomeadamente no que diz respeito aos sistemas respiratório, cutâneo, oral-faríngeo e pulmonar. Os Urodeles divergiram sem grandes modificações em várias espécies de salamandras e tritões durante uma evolução estabilizadora que conduziu ao Euproctus pirenaico, conservando a respiração e a excreção cutânea. A ontogenia de **Calotriton** *asper asper,* e mais especificamente a modelação da sua embriogénese, requer um conhecimento aprofundado das fases do desenvolvimento embrionário em Anuros e Urodelos. A partir da fecundação do óvulo por um espermatozoide, o seu desenvolvimento processa-se em quatro fases: segmentação, gastrulação, neurulação e outras fases do botão caudal. Para desenvolver um modelo das condições iniciais do desenvolvimento do Euprotecto, utilizámos dados de um manual prático de embriologia experimental para simular *a fase de segmentação,* actualizados por um estudo mais específico do ovo de Axolotl proposto por J. Signoret e J. Lefresne. [26]A investigação do biólogo François Gasser na estação biológica de Lac d'Oredon, a alguns quilómetros dos celeiros de Moudang, centrou-se na observação dos primeiros estádios de desenvolvimento do **Calotriton** *asper asper.* Este investigador fez experiências em laboratório com rendas mantidas a uma temperatura de 12°C, constatando uma mortalidade elevada devido às condições da experiência em tanques de cristalização, com o ovo fecundo a necessitar de uma oxigenação elevada durante o seu desenvolvimento. Durante as nossas observações, registámos as condições naturais de agitação da água e o limiar de temperatura crítica em função da insolação diária. Discutiremos os vários factores externos que afectam os estádios reprodutivos e a fecundação do ovo nas correntes de Euproctes em torno dos celeiros de Moudang. Vamos retomar e comentar a descrição metódica de F. Gasser das fases de desenvolvimento que ele descreveu em setembro de 1963:

- O ovo fecundo, não segmentado, é depositado debaixo de pedras, ao abrigo de um fluxo excessivo de água e protegido dos predadores. É descrito como grande e de cor branco-amarelada, com um diâmetro médio de três milímetros, de forma esférica, achatado no pólo animal e com pigmentação pouco visível. Certamente sensível aos raios solares, atenuados pela altura da água, o ovo é coberto por uma casca fina, rígida e opaca, que protege o interior, constituído por uma ganga translúcida em relevo.

- Depois de uma degangulação cuidadosa, F. Gasser observou o ovo e decidiu que a segmentação, a gastrulação e a neurulação correspondiam à cronologia dos estádios morfológicos descrita por Gallien e Durocher (1957) para **Triturus** *helveticus,* que serve de referência para o modelo que se segue.

A segmentação dura de quatro a cinco dias, a gastrulação de seis a nove dias e a neurulação de nove a quinze dias. Voltaremos brevemente ao botão caudal e às fases larvares com brânquias, e deter-nos-emos mais demoradamente nas fases iniciais da segmentação do ovo ativado por um espermatozoide.

Boas condições de oxigenação da água a uma temperatura óptima de 17°C, protegida da

---

26 As bases embriológicas e genéticas da revolução da bobina: conservadorismo e inovação, François Gasser, Pour Darwin, puf,1997.

luz, são essenciais para iniciar a divisão do ovo quando a sensibilidade do oócito maduro é desencadeada por um espermatozoide ativador. Esta fase inicial do desenvolvimento embrionário revela-se um processo discreto de transição de linear para não linear, quando as divisões celulares divergem, tornando-se altamente assimétricas com uma tendência assíncrona entre os pólos vegetativo e animal. A divisão celular revela uma taxa de divergência suficientemente estruturante, porque contida genética e epigeneticamente, mantendo a coerência dos seus componentes para dar origem a uma forma viável de embrião. Compreender as causas iniciais da assimetria do ovo pareceu-me fundamental, e para as compreender foi necessário detalhar as primeiras etapas da segmentação a vários níveis de resolução, dos átomos às moléculas, das proteínas às células que constituem o ovo em divisão de um potencial animal.

42. Acasalamento de Euproctes.

As experiências de F. Gasser mostram claramente que o desenvolvimento do Euproctus é lento, com a fase embrionária a durar quarenta e cinco dias antes de a larva eclodir, e a alimentação tardia a começar apenas ao fim de três meses. Esta fase do desenvolvimento larvar parece-me envolver seriamente as trocas entre as células da pele e o meio hídrico, durante a respiração cutânea, um tema amplamente desenvolvido no capítulo anterior.

Tal como Despax, Steiner e Stoll, F. Gasser chamou a nossa atenção para a presença de garras com chifres nas pontas dos dedos das pernas da larva, que se revelaram úteis para se deslocarem e permanecerem debaixo de água no fundo rochoso durante este período larvar, e durante as suas saídas terrestres, que observámos efetivamente. A diferenciação sexual entre machos e fêmeas ocorre em média aos sessenta e cinco minutos. Estes autores descrevem também :

"as formas mais comuns na pele, formadas por agregados celulares".

Uma caraterística da sensibilidade cutânea que mantivemos como variável de ajuste do coeficiente de adaptabilidade do Euproctus, em relação à altitude, temperatura, humidade, pH da água, oxigenação e iluminação do meio aquático, parâmetros utilizados nos modelos e simulações. Na fase larvar, o corpo branquial curto e foliáceo, de cor escura, fica sujeito às condições de oxigenação, e já mencionámos a importância da mistura de oxigénio nos cursos de água. Segundo F. Gasser, a lentidão do desenvolvimento, cujas causas discutimos longamente, é suscetível de provocar um atraso na diferenciação entre a parte animal e a parte vegetativa do ovo e, por conseguinte, de afetar a velocidade de segmentação, o que levaria à dessincronização das divisões celulares e à perda de simetria entre o pólo vegetativo e o pólo animal. As divisões divergentes dos micrómeros e dos macrómeros tiveram de ser tidas em conta na nossa abordagem experimental e as causas subjacentes tiveram de ser investigadas.

Simone Rouy, demonstrou que este Urodele tem um desenvolvimento larvar muito progressivo e um crescimento muito lento após a metamorfose, os dois factores externos que emergem frequentemente das suas observações são sempre **a temperatura** e **a oxigenação**, aos quais se juntam a **luminosidade e os raios ultravioletas, o pH da água e a presença de ferro, e em certa medida a gravidade e os campos magnéticos terrestres,** factores a pesar na água e em altitude. Estes factores externos estão ligados aos factores internos, escolhendo a energia livre como parâmetro principal:

"A segmentação da a'iif ativa pode ser avaliada em relação a um coeficiente de adaptabilidade representativo da sua divergência, em equivalência com a energia livre mínima necessária e suficiente para provocar a sua divisão".

Destacámos o papel importante desempenhado por estes parâmetros na respiração da pele e na formação de pele com pigmentos sensíveis à luz. Além disso, a espermatogénese e a evacuação dos espermatozóides ocorrem em condições de temperatura rigorosas.

Os espermatócitos formam-se a temperaturas superiores a 12°C, abaixo das quais a espermatogénese é bloqueada e os espermatozóides degeneram, necessitando de temperaturas elevadas, entre 21°C e 25°C, para a sua evacuação. A maioria dos ovos contém melanina (amino-enxofre); na água e sob o sol de verão, este pigmento aumenta a sua temperatura, protegendo o ovo do poder de penetração dos raios ultravioleta "A", com um comprimento de onda entre 400 e 315 nanómetros e uma energia de 3,10 a 3,94 electrões-volt. Estas radiações podem causar mutações e ativar radicais livres, mas também podem aumentar a quantidade de melanina protetora no ovo.

Após estas observações preliminares, trataremos da divisão do óvulo sob o seu triplo aspeto, quântico, bioquímico e termo-hidrodinâmico, considerando o seu volume para um diâmetro médio de três milímetros. A energia potencial dos componentes do pólo animal e do pólo vegetativo do ovócito está sujeita a flutuações-dissipações durante a sua *"ativação energética"* por um espermatozoide, cuja cauda tem uma bainha revestida de mitocôndrias, tal como o acrossoma da cabeça. No fëcondë ovo, a perturbação induzida pelo espermatozoide faz variar a sua pressão interna dentro de um volume constante, activando um mínimo de energia livre que seria a condição inicial para a transição para a não linearidade na origem das divergências gënëticamente controladas durante a fase de segmentação. Os cientistas Monique Clergue-Gazeau e Jean Claude Beetschen (1966) fornecem-nos informações sobre a reprodução de Euproctes observada em dois locais situados a altitudes muito diferentes.

A 2.328 metros de altitude, nos Altos Pirinéus, os adultos procuram as águas oxigenadas das torrentes para acasalar; este amplexo faz com que os lábios cloacais se unam durante a fecundação. Após a longa fase de reprodução por enredamento, as fêmeas dirigem-se para zonas mais calmas, com oxigénio suficiente para depositar as larvas de segundo instar isoladamente, a pouca profundidade. As larvas eclodem e permanecem nestas águas mais calmas, antes de passarem para zonas agitadas e, à medida que atingem a idade adulta, aventuram-se em cursos de água com águas turbulentas. Os seus comentários referem que, durante a metamorfose, com bom tempo, as larvas dirigem-se para as plantas e musgos embebidos em água, o que nós observámos efetivamente; com mau tempo, enterram-se na lama, e concluem dizendo que a metamorfose requer condições bastante rigorosas.

Nos Pirinéus ariegeoises a 850 metros de altitude, a observação foi feita numa piscina onde se interessavam pelo seu regresso à água, o que não parece estar diretamente ligado à reprodução, mas certamente a causas mais fisiológicas e metabólicas, como a respiração cutânea predominante, diretamente ligada às flutuações climáticas e à meteorologia bastante severa das montanhas. A procura de alimento é mais acessível na água durante o período larvar com brânquias e no estado adulto, instalando-se em pequenas bacias de retenção mais calmas para capturar insectos que caem na água.

Se estes Euproctes levam vidas semelhantes em ambientes quase idênticos, são as variações climáticas intimamente ligadas à altitude e à estação do ano que modificam o seu modo de vida e de reprodução. Veremos durante a modelação que os parâmetros físicos dos seus biótopos devem ser cuidadosamente avaliados, uma vez que estão intimamente relacionados com os seus factores bioquímicos e fisiológicos internos num ambiente aquático. Em particular, durante a fase de segmentação, para além da temperatura e da humidade, é necessário ter em conta, em função da altitude, na água, as radiações solares infravermelhas e ultravioletas, os efeitos da gravidade e da baixa pressão hidrostática turbulenta, que funcionam como uma espécie de microgravidade, sobre as forças de polarização, coesão e adesão das células do ovo fecundado. Isto compara-se com as experiências realizadas no espaço nos últimos anos, fora da gravidade, cujas consequências sobre os processos morfogenéticos da embriogénese começam a ser compreendidas.

Antes de abordar em pormenor a cronologia da fecundação e a primeira fase de ativação do desenvolvimento do óvulo durante a segmentação, passo em revista a

27 Na ausência de ovos de euproctos, foi necessário efetuar observações de segmentação em ovos de rã do Monte Lozere.

hipóteses anteriormente formuladas sobre a coordenação da atividade celular por um campo quântico de protões e fotões em saturação, pulsado no limiar, no espaço intra-membranar das mitocôndrias. Este campo unitário seria suficientemente eficaz para coordenar a breve fase da atividade celular e intercelular em função da densidade da rede mitocondrial, contribuindo para a coesão celular e permitindo ao animal respirar e alimentar-se para assegurar a sua coerência vital. Na nossa experiência sobre as baixas energias biológicas, sugerimos soluções quânticas "frias" associadas a um possível bioplasma, fonte de vórtices, provavelmente na origem da nucleação, e soluções termo-hidrodinâmicas "quentes" durante as flutuações-dissipações estruturantes. Este campo de protões, pulsado no limiar, conteria ondas com derivadas divergentes no espaço-tempo, no mínimo discretas, que se manifestam a longa distância. Estariam elas envolvidas na ontogenia?

Se considerarmos uma primeira onda de ativação provocada pelo espermatozoide durante a fecundação, após a fusão do acrossoma, haveria *"um campo induzido, cujas derivadas divergentes se espalhariam no espaço-tempo"*, o que dá pleno sentido à noção de campo morfogenético, cuja energia livre provocaria divisões não lineares do óvulo, sob o controlo do sistema genético interdependente deste fornecimento de energia. Sem reduzir a célula apenas ao nível atómico, insisto que existe um laço recíproco entre os complexos proteicos da membrana interna das mitocôndrias que fornecem energia livre sob as respectivas formas de campos (electrões, protões) para produzir ATP, numa co-ação com os genes do ADN mitocondrial e dos núcleos que se exprimem nas células em divisão do animal. Este mosaico de interacções, baseado no conceito de níveis unitários de integração, vai muito para além de uma simples hierarquia do gene ao traço, na medida em que consideramos que a coordenação da atividade celular por campos unitários justifica plenamente a Emergência, das proteínas, das células e do animal, segundo o bioquímico Faustino Cordon.

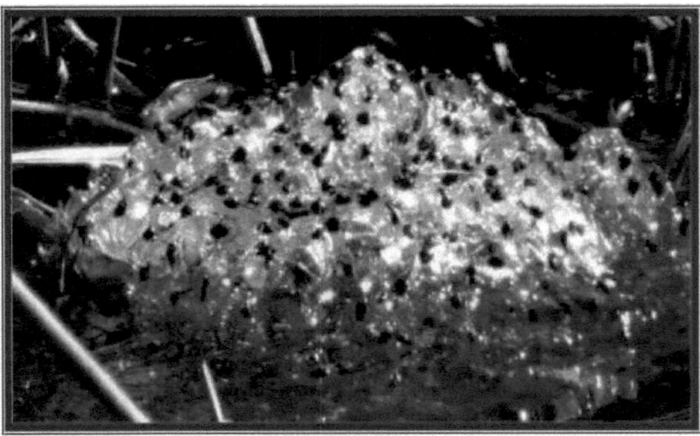

43. Grupo de ovos de rã vermelha
(Mont Lozere, 1.400 metros).

A membrana interna de uma mitocôndria é constituída por quatro complexos proteicos que transportam electrões. Este fluxo é concomitante com a translocação de protões da matriz alcalina para o espaço intermembranar mais ácido por três complexos proteicos, *I, III e IV*. Esta força motriz protónica está envolvida na síntese do *ATP* por fosforilação oxidativa do *ADP,* segundo a teoria quimioosmótica de Peter Mitchell, e os protões são introduzidos na matriz pelo complexo *V, a ATPase.* [27]No seu "caminho", o protão fosforila a Adënosina Difosfato *(adenina-ribose-P~P)* em Adënosina Trifosfato *(adenina-ribose - P~P~P)* na ribose, a ligação em cadeia que continua com os fosfatos ligados ao oxigénio é rica em ëenergia *(P~O).* [++]Além disso, as mitocôndrias concentram cálcio, *o Ca* actua sobre a permëabilitë desta membrana através de Poros de Transição de Permëabilitë *(PTP)*, a sua abertura corresponderia a um excesso de cálcio após stress oxidativo.[28]. A deficiência de oxigénio, ao reduzir o rácio ënergëtico *(P~O)*, provoca a abertura destes canais devido a um excesso de cálcio, que dissipa o potencial da membrana e altera criticamente o equilíbrio iónico (electrões, protões, iões), provocando a fuga de metabolitos essenciais. Quando a permëabilitë da membrana é aumentada, o *pH* inter-membranar é modiim, e presumimos que o campo de protões e fotões pulsados, que já não está saturado, não atinge um limiar de interação suficiente com os átomos e

---

27[8] P or um provável efeito de túnel, o protão, simultaneamente onda e partícula, é translocado para os locais receptores da ATPase num verdadeiro motor biológico que mede algumas centenas de Armstrong (100*10 cm).

28 Os radicais livres induzem reacções em cadeia de dëlëtëres, como a peroxidação lipídica e a clivagem de protëinas, e causam danos no ADN.

moléculas da célula, para desencadear a sua ativação e a coordenação do seu rearranjo, necessário para a fase curta que abastece o citoplasma da célula com metabolitos, hidratos de carbono, aminoácidos e ácidos gordos destinados a formar a acëtyl-coenzima A. O seu fornecimento garante a longa fase mëtabólica intramitocondrial do ciclo de Krebs, levando ao fornecimento de CO_2, mas sobretudo ao fornecimento de electrões e protões aos complexos procinéticos envolvidos no seu transporte para manter o gradiente de protões que inicia o campo que condiciona a coordenação da atividade celular. Em que medida está envolvido na fëcondicionamento e no desenvolvimento?

[29]Num processo tão complexo, esta hipótese, que apoio nas minhas propostas, não exclui outras causaliks, Jean Claude Beetschen escreveu um preëcisëment sobre o desenvolvimento dos Anfíbios, ele menciona uma distribuição megalocal da gema no ovo hëtërolëcithe, ele observou as seguintes condições iniciais:

-   Menos citoplasma no hemisfério do pólo vëgëtativo em comparação com o do pólo animal.

-   Enquanto o gradiente de plaquetas vitelinas é mais denso, elas tornam-se maiores a partir do pólo animal em direção ao pólo vëgëtativo saturado de vitelo.

[+2++]Nos anfíbios, a gema constitui uma reserva potencial de energia acumulada no oócito sob a forma de plaquetas contendo fosvitina, uma procina rica em fosfossina e capaz de ligar os catiões *Fe3* , o ferro está muito presente em Euproctes ponds, *Ca* e Mg_2 , e lipovitelina, uma lipofosfoprocina ativa durante a transição de uma fase de segmentação para outra. O ácido fosfórico desempenha um papel importante na manutenção do *pH* citoplasmático, que condiciona a conformação gënëtica, bem como na libertação de protões e electrões engagedës em processos respiratórios ao nível dos complexos de procinas no espaço intermembranar das mitocôndrias.

As mitocôndrias reúnem-se em torno do centríolo, o núcleo vitelino do pólo vëgëtativo do oócito. Estes organelos desempenham um papel fundamental na fëcondação e no desenvolvimento do ovo e estão envolvidos na síntese de protëinas de ferro-enxofre e nucleótidos.

A fosvitina, cujo precursor é a vitelogenina produzida pelas células hepáticas, é transmitida ao ovário pelo sangue.[30]Trata-se de uma fosfoglicoproteína composta por agregados de polipéptidos, a a-fosvitina com 3% de fósforo e a в-fosvitina com 10% de fósforo, com um elevado teor de fosfoserina. A sua conformação linear a um *pH* neutro adquire um aspeto mais compacto a um *pH* inferior a 2. A fosvitina é um transportador de metais que se liga ao ferro até à saturação. [2]Em caso de acidificação prolongada a *pH 6*, os iões férricos induzem a dissociação dos protões e a formação de um complexo estável ferro-fosvitina que, ao absorver o *Fe*, reduz a produção de radicais livres hidroxilo (*OH)*, actuando como antioxidante. [2] No entanto, após uma falta de oxigénio, a re-oxigenação conduz a um fornecimento de superóxido (*O* e $_{H2O2}$) associado ao *F* , dando origem a *OH'* que, por hidrólise, conduziria a danos nos tecidos. Estará este processo envolvido na metamorfose, na relação entre a histólise e a hitogénese? Observámos larvas de Euproctes com brânquias a viver em tanques saturados de ferro.[31]A respiração das brânquias e da

---

29 Jean Claude Beetschen, professor honorário da Universidade Paul Sabatier de Toulouse, forneceu-nos documentos e referências sobre o estudo dos Euproctes nos Pirinéus.

30 O veneno tóxico das glândulas cutâneas, diluído no sangue, actua sobre a maturação dos ovários.

31 Na nascente ferruginosa (1760 metros), de julho a setembro, o pH situa-se entre 7 e 8, com tendência alcalina, e o teor de oxigénio é de 92 a 98% na água corrente a uma temperatura de 10,5°C. As plantas

pele seria facilitada.

Durante a vitelogénese, os lípidos são armazenados nos corpos gordos e mobilizados no fígado para serem progressivamente transformados em vitelo nos ovócitos. Os ovários contêm pequenos ovócitos não vitelogénicos e outros maiores ricos em vitelo quando atingem a maturidade. Ao contrário do vitellus no pólo vegetativo, no pólo animal, os ácidos nucleicos estão distribuídos num gradiente, abundantes em proteínas, ribossomas, ARNr e ARNm, que são chamados durante a ativação do segundo óvulo, a partir das primeiras divisões, orientando o desenvolvimento embrionário da larva. Esta diferença na distribuição do excesso de vitelo no pólo vegetativo em relação à distribuição do citoplasma no pólo animal poderá estar na origem da segmentação dissimétrica acentuada pelas flutuações e dissipações inicialmente induzidas pela ativação do espermatozoide durante a fecundação do óvulo?

Embora as mitocôndrias dos espermatozóides estejam envolvidas na sua deslocação para o ovócito, são sobretudo as do ovócito dispersas no citoplasma que são redistribuídas nos dois pró-núcleos após a fecundação para fornecer energia sob a forma de ATP. Esta fase de ativação é muito dinâmica, com o citoplasma localizado na periferia do pólo animal, que sofre uma remodelação importante após a ativação condicional pelo espermatozoide. O movimento do espermatozoide em direção ao centro do óvulo, provocando a despigmentação em torno do equador, resulta na formação de um crescente cinzento, cujas causas são multifactoriais, difíceis de detetar e diferenciar, e que tentamos explicar através de simulações experimentais. Embora a massa central pareça imóvel, na continuidade do trajeto do espermatozoide, o corte transversal do ovo tirado pelo experimentador mostra um claro rasto de pigmento que indica um movimento superficial do citoplasma na superfície do ovo, com a formação deste crescente cinzento em frente ao ponto de entrada do espermatozoide, estrutura que desempenhará um papel na morfogénese.

Esta condição inicial para a obtenção da simetria relativa está relacionada com a formação do primeiro plano de clivagem, que pode, no entanto, ser perpendicular a ele.

Isto permite-nos afirmar que a configuração do óvulo fecundado, através da ativação do espermatozoide, atingiu um estado de equilíbrio instável, proporcional à perturbação provocada por uma onda inicial, que assimilámos a um campo e suas derivadas divergentes, cujo equivalente em energia livre desdobrada dá origem a flutuações que provocam o movimento do citoplasma, resultando, por dissipação, na formação do crescente cinzento. Correlativamente ao movimento citoplasmático, o gradiente diferencial da carga vitelina solicitado pelo movimento dissipativo do citoplasma após a ativação do segundo ovo actuaria pela sua energia potencial como um *"ativador"* e pela sua densidade como um *"moderador"* na formação, divisão e tamanho dos blastómeros. Os micrômeros do pólo animal, menos providos de vitelo, são efetivamente mais pequenos a partir do oitavo estádio, ao passo que no pólo vegetativo, se a divisão for mais lenta, os blastómeros são maiores, armazenando uma grande parte do recurso vitelino. O movimento dissipativo fez com que os núcleos se deslocassem para o pólo animal e uma clivagem superequatorial, dando origem à formação de quatro micrômeros e quatro macrômeros; quando atingem dezasseis blastômeros, as células são de facto muito irregulares.

Durante a segmentação, o reuf feconde tornou-se muito ativo, o movimento do citoplasma induzido pela deslocação do espermatozoide modificando o seu equilíbrio já instável através da distribuição da sua carga composta. Esta estabilidade é minada por constrangimentos externos e interacções internas sustentadas, que a modificam ao ponto de gerar arranjos de orientação por translações e rotações estruturais. Embora pareça simétrico nas primeiras divisões, acabámos de ver que essa aparência é bastante relativa, pois é o resultado de flutuações-dissipações decorrentes das pressões internas causadas pelas trocas bioquímicas e físicas reguladas pelos seus componentes genéticos. Por outro lado, a coordenação intercelular efectua-se em função da adesão e da complementaridade das células, que se organizam em grupos hierárquicos coerentes, antes da formação dos órgãos. A divisão prossegue numa sequência cronológica de divisões celulares que duram cerca de trinta horas até à formação de vários milhares de células. Durante a segmentação, esta fase de transição multiplicativa das células segue a progressão divergente 2, 4, 8, 16... que é parcialmente reproduzível num modële de aproximação a partir de uma matriz ultramétrica pré-estabelecida, o número e as modalidades das bifurcações são processos complexos dependentes das condições iniciais anteriores à primeira divisão e dos acoplamentos sucessivos. Este processo altamente integrado, envolvido num volume restrito, requer uma descrição precisa para conceber um modelo de teste fiável.

É necessário ter em conta todos os dados físicos e bioquímicos disponíveis não só sobre Euproctes, mas também sobre outras espécies como o Axolotl. No laboratório de embriologia da Faculdade de Ciências de Caen (Calvados), J. Signoret (1931-2007) e J. Lefresne contribuíram para o estudo da segmentação do ovo do Axolotl *(Ambystoma mexicanum)*, cuja forma adulta é uma larva não metamorfoseada.[32].

Demonstraram os ciclos de segmentação, nomeadamente a transição Blastule.

A sua análise da dinâmica celular revelou uma primeira fase rítmica síncrona em etapas, que descreveremos mais adiante, seguida de uma dessincronização a partir do décimo ciclo de segmentação.

No estágio de blástula, eles observaram mudanças nos cromossomos e nos mecanismos de síntese de DNA, enquanto a síntese de RNA tornou-se dëcelablе no núcleo. Já referimos anteriormente e iremos demonstrar a sensibilidade do gënomo a um campo de ativação de baixa energia biológica, que integramos nos nossos modelos e simulações inspirados nesta experiência, cujas divergências dão a seguinte sequência de divisões celulares durante a fase de segmentação até à fase de Gástrula: 1, 2, 4, 8, 16, 26, 48, e os valores médios 135, 220, 1400, 8000...

No modelo simplificado de abordagem, baseado nestas descrições da segmentação, consideramos que as condições iniciais do óvulo e do espermatozoide estão já num equilíbrio instável e adquirem uma instabilidade notável, claramente fora do equilíbrio, durante a ativação. Esta perturbação, cujas origens ondulatórias e energéticas estamos a investigar, é pensada para provocar flutuações e dissipações que aumentam da primeira à quarta divisão. Segundo os experimentadores, se a contagem de células respeita uma progressão fiável até dezasseis, para além disso é melhor considerar uma média e um desvio padrão em torno dos valores acima referidos.

O que nos parece importante é que a não linearidade do processo de segmentação permanece sob a influência dos seus componentes, que interagem internamente sob

---

32 Os axolotes que se metamorfoseiam e se tornam terrestres são diferentes dos que permanecem aquáticos. Os membros são mais musculados e os pulmões mais desenvolvidos, a cauda e a cabeça são mais redondas, as pálpebras e a pele são menos permeáveis à água e a cor é diferente da da forma larvar.

constrangimentos externos. Embora geneticamente condicionada, a segmentação divergente mantém um aspeto subjacente fundamentalmente aleatório. Apesar desta alea latente, a segmentação é mais estruturante do que destrutiva, devido à natureza das interacções físico-bioquímicas que se revelam altamente imbricadas à medida que se desenrolam nos volumes restritos e constrangedores das células em divisão, os blastómeros. Sugerimos que esta fase de divergência, que parece ser globalmente não linear, durante as segmentações sucessivas (2, 4, 8, 16...) corresponde paradoxalmente, para cada célula, a flutuações e dissipações que têm de ser amortecidas, sendo a única solução, no final de cada segmentação, o aparecimento de uma nova estrutura ordenada diferente da anterior, até à formação da blástula.

Por outro lado, podemos considerar que o desenvolvimento anárquico das células é causado por uma ultrapassagem da zona de amortecimento das células em divisão descoordenada, o que leva a que o seu desenvolvimento não linear se torne caótico? Para além da densidade vitelina, questionamos outro termo para a ativação e moderação da segmentação.

Poderá este nível de complexidade patológica dever-se à amplificação das variações aleatórias discretas dos campos e dos seus derivados divergentes com um efeito estruturante subjacente tornando-se, no final, não amortecido e destrutivo, através de um desdobramento verdadeiramente caótico e extremamente destrutivo para as células do organismo?

Estas alegações exploratórias sobre o dëvelopment exigem-nos um olhar atento sobre a fase de segmentação, introduzindo gënëtic ëlëments sensës para controlar esta regulação. Antes da fecundação, o oócito acumulou protëinas e ácidos nucleicos no citoplasma, esta parte é activada por um espermatozoide durante a fecundação, o seu gradiente é oposto ao do vitellus, considerado a tanto **"um ativador-energia como um moderador-densidade"**. A vitelogenina sintetizada pelos hepatócitos foi transferida para os ovários através do sangue para o endossoma e lisossomas sob a forma de proteínas fosforiladas e lipoproteínas concentradas e desidratadas em plaquetas de vitelo distribuídas no oócito. Já referimos que o citoplasma do pólo animal tem menos gema do que o do pólo vegetativo, mas é constituído por complexos proteicos, que desempenham um papel importante, aos quais se juntam os ribossomas que participam na síntese proteica, na presença de ARNr e ARNm. Por outras palavras, o que é necessário para ordenar e transmitir a informação genética a partir da perturbação provocada por um espermatozoide durante a fecundação do ovócito, que ativa este complexo após a fusão dos núcleos do espermatozoide e do ovócito. Neste ponto da nossa exploração, dispomos das condições iniciais que se vão alterar e que nos permitem estabelecer correlações de vários tipos durante a segmentação e a blastulação. Dependendo da espécie, o oócito tem um diâmetro de um a três milímetros, e a sua composição é, em média, principalmente água (52%), proteínas (34,5%), lípidos (7,5%) e hidratos de carbono (3%), com apenas 2% de ácido nucleico. A sua estrutura ovoide caracteriza-se por uma simetria radial disposta ao longo de um eixo entre os pólos vegetativo e animal, polarizada pela oposição dos hemisférios, que se distinguem pela localização de um glóbulo polar e de um ponto de maturação. O oócito está sujeito aos efeitos polarizadores da luz, da gravidade, dos gradientes de temperatura, das variações de pH e dos potenciais eléctricos.

Na prática, durante a fecundação do óvulo do Euproctus, os espermatozóides penetram no pólo animal e excitam o ovócito na água a uma temperatura óptima entre 15°C e 17°C, necessariamente superior à ativação dos espermatozóides, que se realiza a cerca de 12°C. Esta temperatura é atingida nos tanques situados em encostas soalheiras, no final da manhã e da tarde, a um valor de 25°C suficientemente favorável para estimular a fusão de um espermatozoide num oócito, depois diminui muito rapidamente à sombra e à noite. À capacidade calorífica adquirida pela água aquecida diretamente pelo ar ambiente, juntam-se as radiações infravermelhas do sol e, sobretudo, as radiações ultravioletas que penetram na água por difração. Estas radiações são mais ou menos atenuadas pela pouca profundidade, pelo fluxo turbulento, pela turvação da água e pela constituição do fundo. O calor do sol aquece as rochas, os cascalhos e as areias, os minerais e os detritos vegetais que constituem as piscinas de Euproctes. Os efeitos da radiação ultravioleta a grandes altitudes não são negligenciáveis a nível atómico e molecular, pois actuam sobre o óvulo ativado por um espermatozoide num meio oxigenado a uma temperatura e acidez tendencialmente alcalinas, desencadeando o seu desenvolvimento.

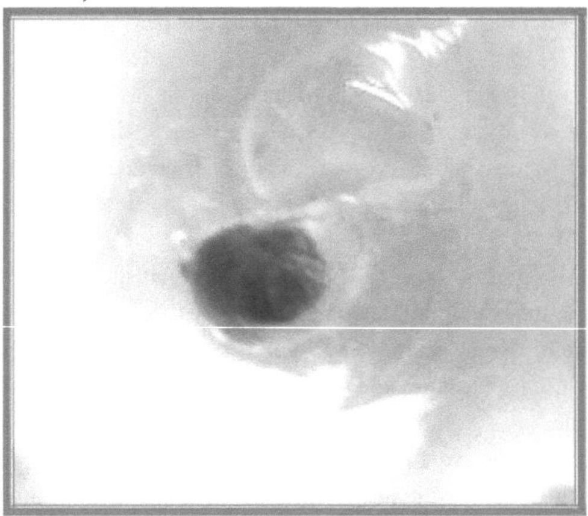

44. Œuf fécondé de grenouille rousse (Mont Lozère)

Considerando estas condições físicas externas e as condições internas dos gradientes diferenciais do citoplasma e do vitelo da primeira célula, optimisës durante a ativação, o núcleo espermático situado entre o pólo animal e o equador produz a fusão dos grânulos corticais com a membrana plasmática e a exocitose do seu conteúdo, nesta fase as modificações observadas são as seguintes:
- A membrana plasmática do ovário dissocia-se da membrana vitelina.
- As proteínas estruturais da membrana vitelina formam a membrana de fecundação.
- A polispermia está bloqueada.
Após dez minutos de ativação pela ação de uma proteína, a bomba de protões/sódio alcaliniza o meio intracelular, o núcleo do espermatozoide afunda-se no citoplasma do ovário seguindo o eixo dos pólos, revelando o rasto do espermatozoide. A sua fusão com o núcleo do ovócito exprime-se por uma forte libertação de energia que se propaga como uma onda, um verdadeiro campo de energia activadora da primeira divisão, cuja amplitude dá origem a um movimento superficial de flutuação-dissipação citoplasmática. Este processo é suficiente para mobilizar o recurso vitelino, simultaneamente ativador e moderador, apelando ao património genético para provocar a divergência em duas células.

Nos Urodëles, o ovo heterolécito tem uma maior reserva de vitelo concentrada no pólo vegetativo; após a fecundação, os blastómeros serão de facto mais espessos do que os do pólo animal. Apesar desta dissimetria, as flutuações-dissipações que modificam os gradientes de citoplasma e de vitelo no interior de cada blastómero são amortecidas para manter a coerência vital de cada um deles e do conjunto em divisão, que continua a segmentar-se. Como se consegue esta regulação?

Como não sou geneticista, aqui fica uma descrição básica.

O crescente cinzento, estruturado pela propagação da onda de ativação, é considerado como tendo componentes decisivos para dirigir o desenvolvimento. Vamos explorar este mecanismo. Pensa-se que os ciclos de divisão estão sob o controlo de um complexo protésico *MPF* (Maturation Promoting Fator) associado às protinas da ciclina *B* e à quinase activadora *CDC2*, que pode ela própria estar associada a outra ciclina que se combina com a quinase. Uma vez que *o MPF* se torna ativo quando a replicação *do ADN* está completa, a sua atividade está ligada ao seu estado de fosforilação oxidativa, que se expressa pela necessidade de oxigénio tantas vezes relatada, e à contribuição de proteínas fosforiladas da gema, como *ativador,* necessárias ao processo de respiração celular. Reencontramos o padrão de produção de energia $ADP + P \wedge ATP$ com translocação de protões, após o estabelecimento de um campo de impulsos limiar de protões excitados no espaço intermembranar mitocondrial, como unidade coordenadora da atividade celular. Seria, portanto, a perda ou o ganho de *MPF* após a replicação *do ADN* que controlaria a entrada da célula inicial na divisão, num processo divergente não linear, em duas estruturas geneticamente contidas. Esta dinâmica teria de ser moderada pelo gradiente gema-citoplasma, que é reorganizado em cada divisão, para ser reativado para uma nova segmentação dos blastómeros. Outros factores de coesão e de adesão estão envolvidos, nomeadamente as junções entre as células e as trocas intercelulares direccionais de grupos funcionais altamente correlacionados que devem ser tidos em conta durante as diferentes fases do desenvolvimento. A fase de segmentação é, portanto, altamente dependente da distribuição do gradiente de carga vitelina em conjunto com a difusão do citoplasma que contém a informação genética. Existe, de facto, uma "*co-ação indispensável*" entre os complexos proteicos que produzem a energia livre do fluxo de electrões e o campo de protões mitocondrial que contribui para a *ATP sintase* envolvida na duplicação *do ADN* que ativa *o MPF,* distribuído pelos blastómeros em divisão. Assim, por divergência, a partir de uma, duas, quatro, oito células, estabelece-se uma verdadeira descendência celular coordenada.

Se observarmos com precisão as primeiras horas, o óvulo fecundo in-segmentado tornou-se ativo de forma a induzir gradientes diferenciais dos seus componentes com um elevado potencial de flutuações - dissipações iniciadas pelo movimento do citoplasma energizado pela onda de ativação, estendendo-se até ao vitelo ativador e moderador. A energia mínima libertada por um espermatozoide, que consideramos na sua forma de onda, seria um campo cuja forma discreta das suas derivadas seria divergente a longo alcance no espaço-tempo quântico, obrigando a matéria a dissipar-se no volume praticamente constante do ovo através de reacções bioquímicas no domínio termo-hidrodinâmico deste espaço durante a duração da primeira segmentação. Pensa-se que esta energia cinética potencialmente divergente conduz a mudanças de orientação por rotação, com a produção de uma simetria bilateral e de uma polarização que pode ser observada seis horas após a postura do ovo. O pólo animal pode ser identificado pelo glóbulo polar inicialmente destacado no ovário.

- Às seis horas de maturação, aparece a primeira divergência, uma clivagem meridiana divide o ovo em dois blastómeros, o sulco aprofunda-se no centro do hemisfério animal e estende-se até às regiões laterais vegetativas. Esta fase tem uma cronologia muito homogénea, com desvios inferiores a 1%, segundo os experimentadores, mas qualquer desvio superior teria certamente consequências no desenrolar normal do processo de segmentação.

Este primeiro sulco entre os pólos animal e vëgëtativo separa dois blastómeros de tamanho e aspeto equivalentes, mas não semelhantes, que prefiguram o plano de simetria da larva durante as outras fases do seu desenvolvimento. Os blastómeros modërës estabilizam, depois de um período de latência que é uma fase de intermitência estruturante, durante a qual o fornecimento de energia da gema é ativado em estreita correlação com a informação genética do citoplasma que instrui as proteínas *MPF*, para dar origem a divisões novamente.

- Às 7h30, ocorre uma segunda divergência, a clivagem perpendicular à primeira, com a definição espacial de quatro blastómeros, partindo do pólo animal em direção ao pólo vegetativo. Distinguem-se então duas células, que dão origem às partes dorsal e cranial, bem como duas células maiores para as partes caudal e ventral. Uma assimetria mais evidente pode ser observada entre os pólos animal e vegetativo...

- Às nove horas, uma terceira divisão ocorre no nível supra-equatorial, separando quatro blastómeros animais pigmentados de volume semelhante de quatro grandes blastómeros vegetativos. A dissimetria é então mais significativa entre o pólo animal e o pólo vegetativo com pigmentação desigual. É necessário adaptar o modelo a esta dissimetria e explicar as causas físico-bioquímicas que se instalaram durante as etapas anteriores. As condições iniciais são determinantes.

- Dez horas e quinze minutos depois, dá-se a quarta divisão celular, separando oito blastómeros animais de forma aleatória, ficando o pólo vegetativo com quatro blastómeros, estando a simetria localizada no pólo animal. Este acontecimento parece-nos fundamental, nomeadamente pelo papel estruturante que as células vão desempenhar durante o desenvolvimento das fases subsequentes, libertando-se dos constrangimentos que atrasaram o progresso das divisões do pólo vegetativo em relação ao pólo animal.

Os experimentadores referem que é difícil observar as seguintes fases de diferenciação:

- A quinta divisão começa por volta das 11h33 e dura quinze minutos. Os blastómeros do pólo animal dividem-se em dezasseis, mantendo um padrão de crescimento pseudo-simétrico.

- Às 12h53, é a sexta divisão e, durante quinze minutos, o pólo animal tem vinte e seis células.

- Na sétima divisão, o polo animal atinge quarenta e oito células.

- Entre setenta e oitenta células, na oitava divisão.

- Chegar a cento e vinte e cento e trinta e cinco, no nono.

- Na décima divisão, o pólo animal atinge entre duzentas e duzentas e vinte células.

- No início da gastrulação, existem mil e quatrocentas células em posição externa ao pólo animal, atingindo um total estimado de oito mil células. Em vez de uma divergência celular caótica e anárquica, os órgãos e o organismo formar-se-ão com regularidade.

- Às dezasseis horas a blástula é jovem, às vinte e duas horas é considerada média, desenvolvendo-se através de trinta e duas a vários milhares de divisões celulares antes de atingir a fase de gastrulação. A partir desta fase, dá-se a diferenciação até ao aparecimento das protuberâncias neurais.

- Na fase de neurulação, por volta das quinze horas, o embrião começa a alongar-se e o seu diâmetro aumenta. Antes de prosseguirmos, vejamos a representação da fase de segmentação e analisemos especificamente os movimentos do ovo.

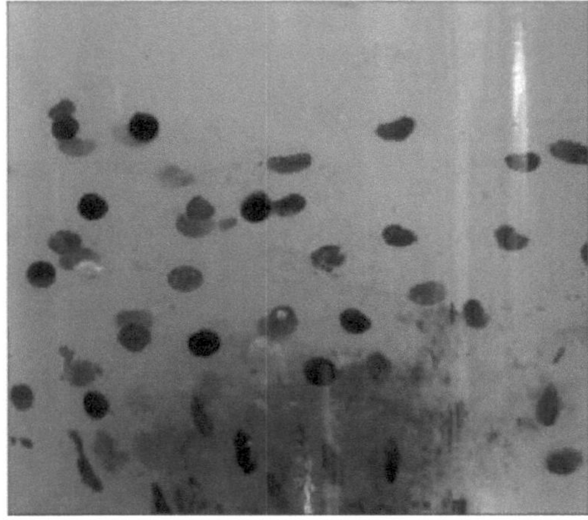

45. Desenvolvimento de ovos de rã vermelha (Mont Lozere).

No modelo de aproximação, vemos uma divergência com dois ramos, que, estando fora de equilíbrio, se torna instável e aumenta para quatro ramos no pólo vegetativo, pelo que compreendemos a importância de estudar as causas desta instabilidade. Em primeiro lugar, é a polarização multicausal do reuf que determina a simetria dos pólos:

- Os dois pólos estão em diferentes estados de oposição.

- Os componentes moleculares orientam-se de forma homogénea através da distribuição diferencial do citoplasma e dos gradientes vitelinos entre os pólos.

A ponto de diferenciar um pólo animal e vegetativo sob a influência recíproca de factores internos, os complexos proteicos que produzem energia livre em coação com o ADN, sob a influência das condições externas do meio aquático a pouca profundidade, tendo em conta o efeito da luz e dos raios ultravioleta em altitude, a gravidade e a pressão, a qualidade da água e as condições meteorológicas.

Embora a temperatura e a temperatura sejam fundamentais, as variações *de pH* e os campos ëlectromagnëticos solares e terrestres devem contribuir para a polarização e, por consëquências, os gradientes e fluxos internos que causam os movimentos intracelulares altamente dissipativos.

- A rotação do reuf, o hëmisphëre vëgëtatif aponta para baixo, dependendo da carga vitelina, com o pólo animal a apontar para cima.

- $^{2+2++}$A fusão acrossomal do espermatozoide ativa o ovócito, produzindo uma concentração de ião cálcio *Ca* , na ganga, a glicoprotina de sulfato de flucose induz o influxo de *Ca* através dos canais de cálcio e de *Na* e $_{H+}$ para o interior da cabeça do espermatozoide onde existem abundantes mitocôndrias. $^{2+}$Isto levanta questões sobre a origem deste sinal de cálcio, na medida em que campos pu^ aplicados expërimentalmente durante esta fase de fusão causam um aumento de *Ca* . Lembrando que o cëlëritë, do campo quântico e suas dërivëes divergentes em longo portëe, seria maior que a velocidade das reações bioquímicas que geram flutuações dissipativas no regime termo-hidrodinâmico na célula em divisão, durante :

- Fëcondação, quando o pró-núcleo feminino desce do polo animal em direção ao polo vëgëtativo em contacto com o pró-núcleo masculino.
- Symëtrisation, que depende do impacto espermático com inclinação, a formação do crescente cinzento, e a obtenção de aparente symmëtria externa e interna.
- A orientação das primeiras clivagens verticais e depois horizontais. A terceira divisão horizontal, mais próxima do pólo animal do que do pólo vëgëtativo, dá origem a oito células iiK'gal, quatro micromëres animais e quatro macromëres vëgëtativos, a perda de symmëtria é evidente.

A gravidade^ actua sobre o dëveloppement do reuf fëcondë, em particular sobre :

- A rotação do ovo, a hëmisphëre vëgëtatif pesada pelo vitellus, é orientada para baixo, o centro de gravidade^ é excêntrico.
- Migração do núcleo feminino, que desce verticalmente sobre o núcleo masculino.
- Sincronização do embrião.
- A direção das primeiras divisões.

A título de comparação, durante a fëcondação e dëenvolvimento do ovo na água, que está sujeito a outros critérios como a sua flutuabilidade^, as forças e turbulência da corrente, a pressão Пëc' na altura da água, é interessante notar os efeitos da microgravidade^ (Thibaut A., 2002) e expërimentës de radiação cósmica no espaço a bordo da Estação Espacial Internacional (SIS). As experiências Fertile (CNES, 1996-1999) realizadas durante as missões Cassiopëe e Pëgase em ovos fëcondës de **Pleurodele** *Waltl* mostraram que a gravidade^ intervém nos mëcanismos de aquisição da dorso-ventralidade.

Nestas condições, as alterações observadas durante a segmentação e a neurulação são recuperadas pelo embrião, embora a metamorfose pareça ser um pouco atrasada. A partir destas experiências no espaço, podemos constatar que as primeiras divisões são menos bem coordenadas em gravidade zero e que a coesão dos blastómeros é reduzida. Os efeitos da microgravidade permitem-nos refletir sobre a importância da gravidade terrestre em relação à segmentação na água a diferentes profundidades.

- O ovo fecundado sofre uma alteração na pigmentação cortical do hemisfério animal nas primeiras seis horas antes da primeira clivagem.
- Os microvilosidades são afectados.
- São observadas alterações na superfície celular, na membrana, no citoplasma e provavelmente no citoesqueleto.
- A adesividade das células é reduzida durante a segmentação.

No entanto, uma vez de volta à Terra, os embriões e as larvas voltam a desenvolver-se normalmente, incluindo durante a reprodução subsequente dos descendentes destes viajantes espaciais em voos de curta duração, revelando uma certa plasticidade reversível no desenvolvimento. A ação dos raios cósmicos continua por esclarecer, em comparação com os raios UV em altitude.

Nos anfíbios, o gradiente vitelino do eixo animal e vegetativo dá lugar a divisões simétricas bilaterais, cuja orientação do crescente cinzento depende da gravidade e, portanto, da predominância da força de gravidade que acabámos de descrever num meio hídrico, em comparação com a microgravidade no espaço. As duas primeiras sëgmentações meridianas não correspondem a esta simetria inicial e a terceira segmentação equatorial é muito desigual. O desequilíbrio é amplificado no pólo vegetativo em relação ao pólo animal, sob a influência das condições iniciais da fase anterior, que já estava fora do equilíbrio instável quando passou de duas para quatro divisões, mas também quando passou de oito para dezasseis no pólo vegetativo, limite do nosso modelo experimental. A morfogénese é o produto de interacções a vários níveis de integração, formalizadas por especialidades científicas muitas vezes antagónicas e que agora se completam na tentativa de explicar processos evolutivos complexos. Em particular, validar a existência e definir o papel de um campo unitário que coordena a atividade celular, mantendo a coesão e a adesão das células a um valor superior à microgravidade, ou à gravidade ponderada em meio aquático. A física quântica e estatística, a hidrologia e a termodinâmica não podem ser dissociadas da genética e da bioquímica celular quando se investiga o desenvolvimento de cada organismo vivo. A ecologia e a biologia evolutiva das populações ligam cada espécie ao seu ecossistema durante um longo período, com o ambiente a exercer pressões selectivas a diferentes níveis. Os constrangimentos naturais afectam as tendências selectivas para as quais contribuímos cada vez mais através das nossas actividades socioeconómicas, que devemos imperativamente modular para favorecer a variação e a biodiversidade, agindo de forma inteligente sobre a relação de adaptabilidade, cujas respostas são necessariamente não lineares, estruturantes e/ou destrutivas, com efeitos a longo prazo bastante imprevisíveis.

É tempo de fazer o ponto da situação: os factores causais do desenvolvimento resultam da co-ação da energia livre e do ADN. Este processo, fundamentalmente aleatório, inscreve-se, de facto, no domínio da complexidade, na medida em que consideramos as suas condições iniciais comparáveis a um campo de impulsos no domínio da física quântica, na origem das diferentes interacções bioquímicas e termodinâmicas que põem em "jogo" a segmentação do óvulo fecundo em células coordenadas durante o desenvolvimento do animal.

Na análise dos processos complexos da evolução biológica, devido à sua contingência, durante as divergências sucessivas, é possível perceber essas transições de fase mais observáveis entre linearidade e não-linearidade. Se o modelo de abordagem filogenética e a morfogénese de Euproctes nos dão indicações de divergências suficientemente simplificadas para estudar a sua evolução, é necessário desenvolver modelos de teste que incluam um certo número de interacções como argumentos de resolução, treinando simulações nos limites. Adquirimos esta experiência durante o estudo de um caso provável de especiação das *fibras de **Castor*** nas Cevennes, que foi alargado por esta investigação sobre Euproctes em apoio ao nosso ensaio sobre as baixas energias biológicas. Isto justifica este longo desenvolvimento preliminar destinado a adquirir um conhecimento suficientemente aprofundado da fase de segmentação para aperfeiçoar o modelo de ensaio.

A fecundação do ovo dá início a "*oscilações*" que são a consequência de modificações internas muito estruturais, e estas flutuações estão sujeitas a constrangimentos de difusão num volume constante. Durante esta fase, que dura em média seis horas, consideramos que as oscilações são necessariamente amortecidas, mas ainda assim estruturais, até um valor crítico, o limite de divergência em duas trajectórias que formam dois blastómeros. Os componentes de cada blastómero recondicionam-se até um novo valor limite para dar quatro blastómeros, a partir do qual se estabelece uma clara dissimetria pré-estabelecida entre o pólo animal e o pólo vegetativo. Embora a abordagem de base nos permita apresentar quatro desacoplamentos sucessivos, com o modelo de teste levamos a simulação a apenas três segmentações, o limite fiável do nosso software para demonstrar a perda de simetria. O problema é integrar a dissimetria inicial dos blastómeros, que se manifesta muito claramente na terceira divergência, certamente com correlações induzidas nas duas fases anteriores. Partindo do volume inicial do ovo não secundário, depois do segundo, durante esta fase dinâmica, consideramos um volume de ativação que pode ser representado no modelo de teste por uma curva normal reduzida da energia média dos seus principais constituintes, o citoplasma e a gema.

- O óvulo não fecundado encontra-se num estado de equilíbrio instável, com a curva normal da sua energia interna mínima a flutuar em torno de uma média aparentemente linear. Neste estado, as estruturas bioquímicas e genéticas estão neutralizadas, ou inertes, porque estão sujeitas a condições de temperatura limite que determinam a energia livre mínima necessária para uma oxigenação óptima para que o óvulo seja ativado por um espermatozoide, em meio hídrico.

- Esta perturbação reflecte-se em movimentos não lineares de flutuação-dissipação hidroscópica e termodinâmica que provocam translações e rotações, com formação de vórtices e ciclos limite. Neste estado de desequilíbrio instável, o processo acelera-se em poucos minutos após a ativação, em condições ideais de temperatura e oxigenação, e os componentes bioquímicos tornam-se mais compatíveis. As suas configurações bioquímicas e, sobretudo, gnósticas são então optimizadas, dando origem a uma coesão vital. Isto resulta numa divisão em dois blastomëres cujos ciclos nos seus limites são amortecidos pela densidade de vitellus distribuída entre os pólos animal e vegetativo.

*46. Larvas de rã vermelha com guelras no
Monte Lozere.*

Segundo J.C. Beetschen, no caso da segmentação do ouriço-do-mar, a ativação envolve a região periférica do citoplasma.

"A partir do cone de fecundação, uma mudança de birrefringência espalha-se pela superfície como uma onda sobre a superfície do ovo, observa-se então uma mudança de permeabilidade associada a um consumo de oxigénio com a incorporação de aminoácidos nas proteínas de base agora neoformadas, estas estruturas subjacentes activadas, levariam ao desbloqueio citoplasmático e nuclear durante a ativação".

Antes de modelar, examinamos as causas da descarga de cálcio (De Nadai, Chiri, Ciapa, 1999), que se propaga como uma onda a partir do ponto de impacto do espermatozoide com um aumento do *pH* intracelular quando ocorre um aumento rápido e transitório da concentração de $Ca+$. A intensidade e a frequência das oscilações de cálcio influenciam a taxa de sucesso da meiose através da libertação de $Ca+$ do retículo endoplasmático, que constitui a reserva de cálcio do oócito, para além do Ca+ inicialmente libertado pelo acrossoma durante a fusão do espermatozoide com o oócito. Nos ratos, a curva de oscilação da onda de cálcio dura um minuto e ocorre a cada cinco a trinta minutos. O influxo de $Ca+$ leva à libertação de acrosina e de hialuvodinase, que hidrolisam a zona pelúcida, enquanto a elevação do cálcio produz exocitose (Abi Nahed, 2015). Durante a fertilização, este processo, que inicia oscilações sustentadas de $Ca+$, requer uma fonte de energia potencial para estimular e ativar a polifosfato C (*PLC)*, desencadeando uma série de eventos celulares divergentes.

- *O PLC ß* responde a receptores associados a proteínas.

- *PENSA-SE* que *a PLC* responde a vias activadas por tirosina quinase, activadas pela fosforilação da tirosina.

Se tivermos em conta o aumento do *pH* intracelular, será a onda de descarga de cálcio o resultado de um campo saturado e limiarizado de impulsos de protões e fotões capazes de fornecer um pico de energia identificado por uma fase curta de atividade seguida de uma fase mais longa de rearranjo metabólico que ativa os polifosfatos na origem da onda de cálcio?

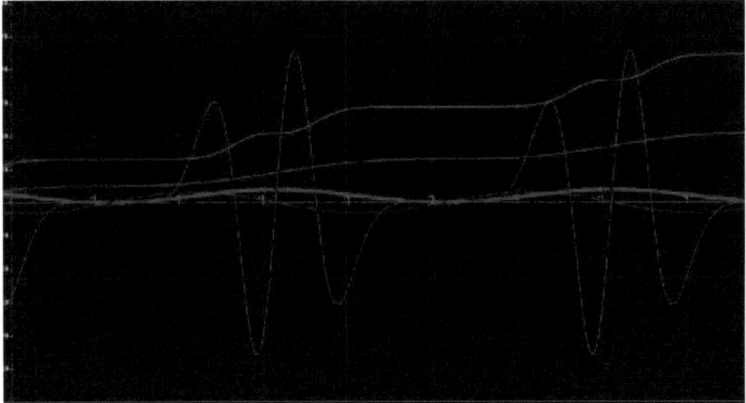

47. Neste diagrama experimental, o sinal de cálcio é simulado pela curva sinusoidal (vermelho, linha grossa), a sua primitiva representa a onda de impulso de limiar (vermelho, em passos) e a sua transformada de longo alcance (azul, em passos) dá-nos uma wavelet de segunda derivada representativa do sinal de cálcio (linha azul fina).

Nesta fase inicial de ativação, para corroborar as nossas afirmações e o nosso método exploratório da onda de cálcio, podemos apenas sugerir a medição dos parâmetros seguintes:

- O fluxo de protões cujo campo pode ser medido nas melhores condições experimentais por ressonância magnética, ou o que é mais acessível para observar as ligeiras modificações do *pH*, na ausência de uma espetrometria do $H+$ do ovo ativo.

- A variação do campo eletromagnético e a diferença de potencial causada pela transferência de electrões e iões envolvidos nos processos bioquímicos respiratórios.

-    Temperatura e pressão interna de oxigénio.

-    A curva de oscilação do cálcio depende do campo de impulsos limiar, em saturação, do espaço intermembranar da rede mitocondrial que precede e provoca a onda de cálcio.

Na ausência destes dados, o modelo de abordagem e o modelo de teste dão-nos uma visão inicial muito simplificada das primeiras etapas de segmentação. Antes de prosseguirmos com o desenvolvimento do modelo de teste, introduzimos algumas considerações da física atómica e da termodinâmica estatística sobre a quebra de simetria.

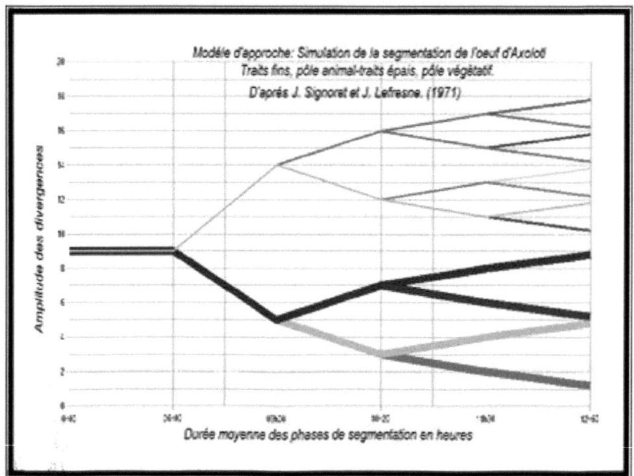

48. Fases de segmentação do ovo de Axolotl. Podemos ver a diferença entre o pólo animal (linhas finas) e o pólo vegetativo (linhas grossas). O pólo vegetativo estabiliza-se em quatro macrômeros enquanto o pólo animal atinge oito micrômeros.

A nível atómico, o espetro de um átomo, tomando o mais simples para a nossa demonstração, o átomo de hidrogénio composto por um protão e um eletrão, pode ser representado pelos seus níveis de energia. A partir do seu estado fundamental, podemos observar uma distribuição dos seus níveis de energia nas séries de Lyman, Balmer, Ritz-Paschen, Brackett e Pfund. Embora este espetro tenha um aspeto regular, as suas linhas espectrais incluem estruturas finas e hiperfinas com simetria quebrada e zonas de transição proibidas. Estas degenerações naturais da energia de um átomo por desacoplamentos sucessivos são obtidas experimentalmente através do efeito Zeeman. Um átomo submetido a um campo magnético vê o seu espetro de linhas, no mínimo, engrossar e, no máximo, dividir-se, os seus estados de energia quantificados desacoplarem-se pelo efeito Zeeman normal ou anormal, porque a trajetória do eletrão não é circular, sob a influência do campo de outros átomos, devendo, portanto, considerar-se a órbita azimutal elíptica da nuvem eletrónica. [-1]Para dar uma ideia da influência de um campo magnético, no caso do hidrogénio, a diferença de frequência obtida entre as linhas é equivalente a um comprimento de onda de 0,0047 m para um campo de 1 tesla. Dependendo da intensidade e da direção do campo magnético dos átomos circundantes, num átomo de hidrogénio ou noutros átomos, o espetro de linhas resultante dá origem a estruturas finas e hiperfinas que divergem ao introduzir assimetrias, como a quiralidade.

Podemos assim conceber as consequências de uma perturbação provocada por um campo de protões e de fotões em saturação, pulsado no limiar, sobre a estrutura dos núcleos atómicos e dos electrões que condicionam o arranjo bioquímico dos componentes da célula. Modificando as energias, estas interacções participam em rearranjos estruturantes e/ou desestruturantes, introduzindo um elemento de incerteza estritamente quântico, por definição.

Ao nível termodinâmico, este campo eletromagnético oculto é influenciado por interacções bioquímicas que induzem gradientes ou fluxos dependentes da temperatura, da acidez (pH) e da gravidade. Este mosaico de interacções complexas entre proteínas e células animais tende para a instabilidade, para diferentes estados, incluindo a metaestabilidade caraterística de uma célula biológica. Esta condição é propícia à manutenção da coerência vital e à evolução das espécies, através da sua adaptabilidade, e eu completei a minha definição de processos evolutivos complexos:

"A evolução de uma espécie é estocástica, e o coeficiente de adaptabilidade biológica e de divergência normalizada corresponde à relação entre as suas variações fundamentalmente aleatórias e a aleatoriedade dos constrangimentos selectivos naturais e antrópicos. Recorde-se que para valores baixos do coeficiente de adaptabilidade, que é ainda linear, produzem-se efeitos discretos, relativamente estruturantes ou destrutivos, com uma energia biológica baixa".

Haveria, portanto, causas discretas para a dissimetria do recife não-segundo e depois do segundo. As oscilações causadas ao nível do espaço-tempo quântico não são geralmente consideradas em relação às interacções bioquímicas com efeitos predominantemente térmicos.

No entanto, os seus efeitos aleatórios, nomeadamente a divergência de longo alcance, não podem ser negligenciados sobre as grandezas termodinâmicas habituais expressas no espaço e no tempo. No modelo simplificado, esta observação levou-nos a tratar as grandezas das variáveis dos componentes dos pólos animal e vegetativo do ovo não secundário sob a forma inicial de uma gaussiana reduzida, tendo em conta a independência estatística adquirida durante a oogénese em relação à espermatogénese. Em consequência, o espermatozoide é expresso como uma distribuição de Poisson para obter o valor da densidade de probabilidade da energia de ativação mínima, a fim de simular uma onda com oscilação amortecida durante a fecundação e a primeira divisão. As fases preliminares da reprodução sexual começam com a formação, maturação e capacidade das células reprodutoras, os gâmetas femininos e masculinos.

- Para a fêmea, a oogénese inicia-se no ovário com a produção cíclica de células sexuais, os oogónios, que se dividem até atingirem o tamanho de um oócito, aumentando de tamanho à medida que este adquire gema, um recurso energético potencial. O seu crescimento é condicionado pela presença de uma ganga envolvente de células foliculares contendo glicoproteínas, que contribuem para a sua nutrição e reconhecimento pelo espermatozoide. O oócito apresenta uma polaridade visível que distingue o pólo animal, onde se encontra o núcleo, do pólo vegetativo, mais rico em glóbulos vitelinos. Este gradiente ferencial do oócito heterolécito corresponde ao gradiente bastante acentuado observado em alguns anfíbios. Ao atingir a maturidade, o ovócito desprende-se e o seu núcleo desenvolve-se, mantendo o seu conjunto completo de cromossomas até encontrar um espermatozoide ativador durante a fecondação. Nesta fase, o ovo adquiriu um diâmetro máximo, que depende da sua ativação.

- Da tempëratura T_{mb} do meio biológico aquático entre **+0 e +25°C, para** $T_{mb} = T_{SA}$ **do** espermatozoide ativo no reuf fĕcondë > *18°C.*

- A partir de *Л c*, a energia livre de ativação mínima, ëquivalente a T_{SA} para um coeficiente de adaptabilidade e divergência biológica *CA bio. div.* entre 0 e 4, até ao deste valor, há forjamento do modelo que se torna pouco fiável ao forçar a sua resolução.

- ‚De $_{Sл}$ a entropia assimptótica do reuf ativo que se divide em 2, 4, 8, 16... n células.

Vamos estabelecer a condição de normalização da divergência, adoptando um coeficiente de adaptabilidade limite, fora do equilíbrio instável entre linearidade e não linearidade " 2,3 que corresponderia à massa crítica fora do equilíbrio instável, ativável do reuf fecond para definir um valor equivalente à densidade de probabilidade da energia de ativação inicial mínima A *z* a *Tmb*. A sua função de onda[33]$_{ДЕЕ}$\ *y*\\ actuaria no domínio da flutuação-dissipação quando \y\д provoca a divergência de uma entropia $_{Sдде}$ para efeitos bioquímicos e termo-hidrodinâmicos sob controlo genético e epigenético, num meio hídrico altamente oxigenado.

- No caso do homem, são pequenas células reprodutoras geradas nos testículos, com menos citoplasma no acrossoma, que contém um corpo intermediário e um flagelo móvel. O núcleo do espermatozoide contém ADN hipercondensado, uma configuração que impede a transcrição e a tradução. Para criar um conjunto de células estaminais geneticamente transmissíveis, os espermatócitos dividem-se sem alterar o seu número de cromossomas, seguindo-se os espermatócitos de segunda ordem, que sofrem uma divisão redutora dos seus cromossomas. De diploides, atingem um estado reprodutivo haploide, que termina com a redução cromática durante a meiose, dando origem a espermátides que transmitem características masculinas hereditárias.

Para além deste aspeto genético não negligenciável, é necessário considerar a aquisição de mobilidade e o tropismo dos espermatozóides para se deslocarem em direção ao ovócito para o fecundar durante o ato sexual, o amplexo de longa duração no Euproctus. O espermatozoide dispõe de um motor molecular para ativar os movimentos do seu flagelo rodeado de mitocôndrias, que lhe fornecem a energia suficiente para assegurar a sua mobilidade e responder à necessidade de associação para fecundar e ativar o ovócito maduro.

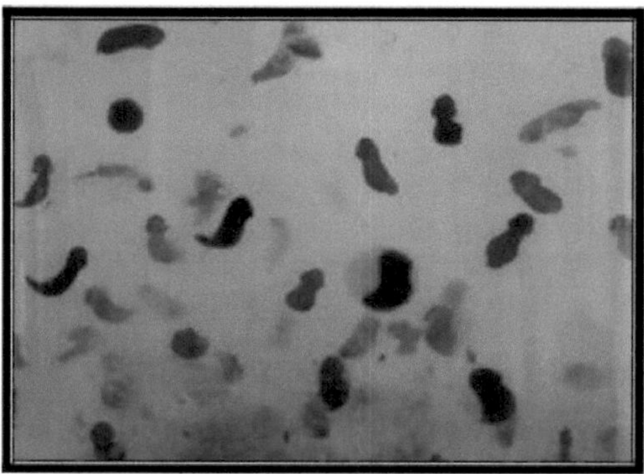

33 No ensaio sobre as baixas energias biológicas, sugerimos a utilização da equação não linear de Schrodinger.

49. (Ovos e larvas de rã em divisão.

A divisão da massa crítica do ovo fëcondë (3 mm de diâmetro para o Euproctus) depende do fornecimento de energia do espermatozoide. Este conjunto fundido deve passar de um coeficiente de adaptabilidade e divergência biológica de *2,3 a 4 para se* dividir em 2, 4, 8, 16... n células, ou seja, uma diferença de + *1,7* para o espermatozoide. De facto, só iniciaria a dissociação para um valor inferior, necessário e suficiente para provocar a ativação **2,3 - 1,7 = 0,6** correspondente ao equivalente da energia de ativação inicial mínima *A E.*

„O ovo ativo produz a sua própria reiteração com o recurso energético do vitelo que se afirma, solicitado pelas oscilações iniciais $|y|$ д produzindo $A|$ | д que, no seu limite assintótico, sob o controlo genético recíproco do ADN e do fluxo de energia ATP fornecido pelos complexos proteicos das mitocôndrias, conduz à divergência em 2, 4, 8, 16...n células.

„Para a simulação, introduzimos um *CA bio não divergente de Ea'uf = 2,3* e um *CA bioA de ativação = 0,6* do espermatozoide nas seguintes funções do modelo simplificado por :

- Uma Gaussiana reduzida que representa o ovo não ativo: *2,3x (1-x).*

- 'Uma lei de Poisson simula o espermatozoide ativador do óvulo, para uma *CA bio div* de 0,6, ou seja, *0,6x /ex+1*, cuja integração dá um valor adimensional, equivalente à energia de ativação inicial mínima:

A E = 3,87 e a sua onda amortecida $_{|y|д}=$ sin(*3,*₈₇ₓ₃*)/(ex-1)*

A energia livre necessária para a primeira divisão corresponde a um coeficiente de adaptabilidade e divergência biológica proveniente do espermatozoide e do recurso gema 1,7- 0,6 = 1,1 ou seja 2,3 + 1,1= *3,4 CA bio.div.* do ovo ativo, introduzido na função *3,4x (1-x)* para simular as segmentações em dois, por transformação iterativa. A energia máxima da onda seria de :

sin(21,97x3)/((e(x)-1)

No modelo de teste, é introduzida a wavelet de ativação que ocorre quando o espermatozoide se funde com o fëcondë ovo, e este acoplamento aditivo é transformado para obter a primeira divisão.

Os dois blastómeros que se dividem no domínio termodinâmico "quente" não são simétricos, e observamos poços de potencial negativos que podem ser assimilados a singularidades quânticas "frias", com a primeira derivada a tornar-se muito negativa e a segunda a divergir a longa distância. Estas observações merecem uma análise complementar de possíveis fases condensadas (bioplasma) e da condensação do ADN.

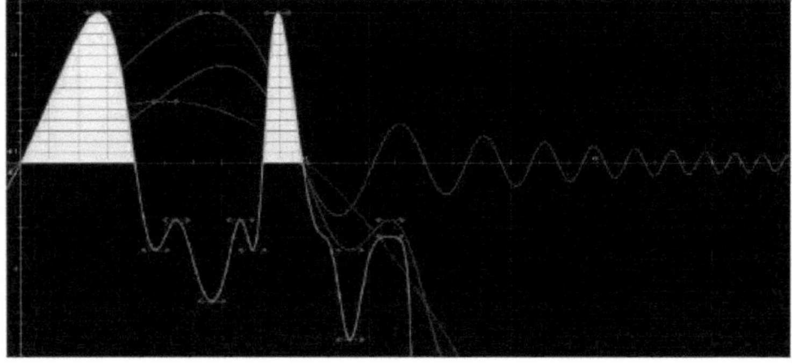

103

50. Modelo de teste, o ovo (vermelho) ativado pela wavelet (azul) dá origem a dois blastómeros não simétricos (zonas sombreadas) por transformação "rosa", a parte negativa "fria" em forma de chapéu mexicano invertido, seria um poço potencial sugerindo fases condensadas com vórtices.

O acoplamento após a primeira segmentação e a sua transformação dá a tendência para a assimetria das segmentações em quatro blastómeros, comparativamente à curva de potência do diagrama abaixo, da segmentação do *Pleurodele waltl* dá uma *CA bio. div. de 3,51* para *3,40* no nosso modelo. Após a ativação inicial do ovo a uma *CA bio.div.* de *0,6*, o equivalente da densidade de probabilidade da energia de ativação passaria de um mínimo inicial *A e = 0,034* para um máximo de *0,82* na primeira divisão correspondente à *CA bio.div. 3,4*. Para além de uma *CA bio.div. de 4*, a formação de núcleos resultante dos ^múltiplos acoplamentos das *n* células em divisão acentua as divergências. дедедеNeste caso, mais delicado de simular, nota-se o aspeto extremamente estruturante e/ou desestruturante do *n\y* e dos seus derivados, *n\y* e *n\y\"* de longo alcance, sobre &.№де, que continua por explorar, nomeadamente o seu impacto genético, discutido no capítulo da regeneração.

Horas	Divisões	Divisões do ovo de *Pleurodele waltlii*
0	0	O óvulo é fertilizado pelo espermatozoide de
6	2	Divisão em dois blastómeros
7,5	4	Segmentação em quatro blastómeros
9	8	Oito blastómeros, em quatro micrómeros no pólo animal e quatro micrómeros no pólo vegetativo.
12	24	O pólo animal divide-se em oito micrómeros e o pólo vegetativo em dezasseis, a um ritmo mais lento.
14	32	Jovem Blastula
16	48	
20	135	
23	220	
25	6400	
27	8000	Blastula agee

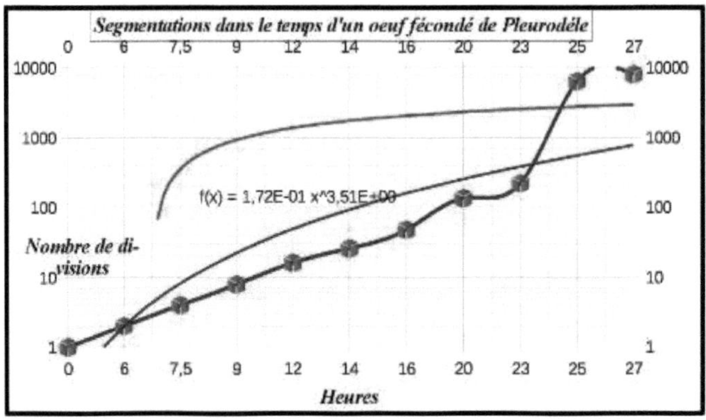

51. Tabela e diagrama da formação de micrómeros em cada pólo, inicialmente de aspeto semelhante, torna-se desigual a partir da terceira segmentação às + 09:00, o crescimento é assintótico (curva azul) até à transição Blastuleana entre 23° e 25° horas

(curva vermelha).

Destas simulações exploratórias, emerge, ao considerar o valor equivalente à densidade de probabilidade da energia de ativação que aumenta de 0,034 para 0,82 no fëcondë reuf na segmentação, a possibilidade de intervir nos modëles sobre os paramëtres das variações aleatórias em relação aos dos constrangimentos selectivos como conhecemos o coeficiente de adaptabilidade e divergência biológica. Em particular, perturbando a onda de ativação que interfere nas proteínas, estimula o ADN no citoplasma e, consequentemente, actua no pólo vegetativo através do recurso vitelino, aparente ativador e moderador, durante a primeira divisão.

Por conseguinte, é desejável uma melhor compreensão da onda de ativação inicial e dos seus efeitos a longo prazo, uma vez que esta pode influenciar a coordenação da atividade celular durante as primeiras divisões. A parte negativa da primeira segmentação, que se assemelha a um chapéu mexicano invertido, seria um poço de potencial semelhante ao de uma fase condensada. A quebra de simetria é prolongada por um outro poço de potencial negativo cuja primeira derivada muito negativa tende para - ∞ e a segunda se torna muito divergente a longa distância.

Esta investigação exploratória deve ser prosseguida, em particular após os acoplamentos múltiplos de células em divisão não linear, cujos campos de impulsos limiares no espaço intermembranar mitocondrial contribuiriam para a unidade de integração das células assim coordenadas por este verdadeiro fator de ativação e de moderação, até se obter uma coerência vital do animal, através dos complexos proteicos que transferem electrões e translocalizam protões durante a respiração celular. Os resultados que acabamos de demonstrar na segmentação e os observados anteriormente na pele, tendo em conta a autonomia das células da pele (respiração e excreção), dar-nos-ão a oportunidade de assimilar dados para corrigir o modelo evolutivo do papagaio-do-mar-pirenaico. Será também necessário incluir hipóteses dos processos de metamorfose e regeneração para o tornar mais fiável dentro do seu intervalo de confiança.

Capítulo VI

Um truque da evolução, a metamorfose.

Os organismos das espécies que evoluem do meio aquático para o meio terrestre e aquático adoptam um processo que se verificou durante muito tempo durante a evolução dos anfíbios e de outros grupos zoológicos que os precederam: a metamorfose. A larva dos Urodeles resultante do desenvolvimento do ovo leva primeiro uma vida larvar na água antes de se extrair deste meio aquoso para adotar uma vida terrestre ou semi-aquática. No caso do Euproctus, a sua larva sofre transformações drásticas na sua anatomia e fisiologia, pelo que o seu estilo de vida deixa de ser parcialmente terrestre no inverno para passar a respirar, alimentar-se, deslocar-se e finalmente reproduzir-se na água durante o verão.

No reino animal, a metamorfose afecta numerosos grupos zoológicos, incluindo os invertebrados, os vermes, os equinodermes, os estomocordados e os procordados, os moluscos, os artrópodes e os vertebrados, dos insectos aos batráquios. Não podemos fazer uma descrição precisa desta longa cadeia evolutiva, que desenvolveu muitas formas de se transformar para fazer face às flutuações dos constrangimentos ambientais selectivos. Limitar-nos-emos a descrever as variações no processo de metamorfose de alguns grupos, demonstrando as modificações necessárias durante a transição entre dois ambientes.

Nos vertebrados inferiores, vejamos os Protozoários e as Esponjas contidos num meio aquoso: no caso dos Protozoários, que não se reproduzem sexualmente, as flutuações do meio perturbam o seu metabolismo o suficiente para provocar alterações suficientemente significativas para os assimilar a uma metamorfose primitiva, como no Tripanossoma. No caso da Cilie, que brotou de um adulto, observa-se uma mobilidade entre um substrato inicial sobre o qual está fixada e um movimento com a ajuda dos seus cílios num meio livre. Esta mudança provoca, por um lado, a reabsorção dos cílios, muito úteis para se deslocar em direção a um suporte, e, por outro lado, obriga a Cilie a utilizar um pedúnculo para se fixar e tentáculos para apanhar o seu alimento.

A metamorfose tem a sua origem nas contingências evolutivas de uma espécie, que adaptou o seu desenvolvimento para satisfazer as suas necessidades vitais de alimentação e reprodução, resultando numa transição de fase singular. Assistimos a uma mudança na passagem de um ambiente para outro, que se manifestou de forma selectiva em diferentes espécies que reagiram ao longo do tempo com uma adaptabilidade que conduziu, no decurso da sua evolução, a uma nova integração das suas unidades, ao nível das proteínas, das células e do animal, adaptadas assim a um novo ambiente. Um processo biológico que tanto desestrutura como estrutura as suas variações aleatórias adquiridas, sujeitas à aleatoriedade dos constrangimentos selectivos. Esta transição decisiva produziu adaptações transitórias, favoráveis à sua sobrevivência e à manutenção da coerência vital através do processo de metamorfose, que lhes confere a capacidade de mudar de ambiente. No caso das esponjas, encontramos este padrão de transição entre dois suportes, com as larvas das esponjas a deslocarem-se livremente com os seus cílios para se fixarem, durante uma transição um pouco mais complicada: ocorre uma invaginação, manifestada pela utilização interna dos cílios agrupados em cestos vibratórios para absorver alimentos. Desta forma, a mobilidade imposta por um meio líquido entre dois suportes sólidos ajustou os protozoários durante uma primeira fase, as condições iniciais para a metamorfose que iria continuar na Crelentera. Se olharmos para os Medusae e Hydra, a fase fixa de brotamento e desenvolvimento dos pólipos culmina com a libertação completa no meio aquático de suporte, uma espécie de metamorfose em duas fases que ocorre exclusivamente na água. Estes processos, que são anteriores a qualquer mudança de ambiente, estão filogeneticamente inscritos nas condições iniciais dos celenterados mais antigos, que responderam ao longo da sua evolução com modificações adaptativas durante a passagem do estado larvar ao estado adulto, libertando-se progressivamente de um suporte para se alimentarem das ondas, de acordo com os perigosos constrangimentos selectivos dos meios marinhos.

52. *Anémonas-do-mar, fixas ao fundo do mar pelas marés.*

Esta aquisição de mobilidade permitirá a muitas espécies, metamorfoseando-se durante a sua evolução contingente, povoar nichos a diferentes profundidades na água, depois em terra, vivendo ao ar livre à custa das metamorfoses progressivamente induzidas, sempre pelo jogo incessante das variações aleatórias e do acaso da seleção natural.

No caso dos vermes poliquetas anelídeos marinhos, as larvas inicialmente não segmentadas, à medida que se metamorfoseiam, tornam-se segmentadas, com alguns órgãos a progredir enquanto outros regridem, até adquirirem a capacidade de se deslocarem ao longo do fundo para encontrar alimento. Alguns vermes, como os Nereis, já possuem segmentos quando são larvas e rastejam imediatamente, com mudanças ocorrendo mais tarde, quando são adultos.

A deslocação evolutiva da metamorfose tornou-se uma realidade nos equinodermes. Embora os mais antigos sejam fixos, a maioria move-se livremente e distingue-se por uma metamorfose que modifica consideravelmente a simetria da larva durante a sua transformação no estado adulto. Durante esta metamorfose, a histólise reduz os órgãos da larva, alterando radicalmente a sua simetria de bilateral para radial, nomeadamente nos ouriços-do-mar. Os meios aquáticos - marinhos, intertidais, fluviais e lacustres - oferecem uma certa instabilidade adaptativa: as profundidades, os fundos, as correntes e as marés, os períodos de seca acentuam a pressão selectiva e orientam o processo de metamorfose para uma maior complexidade e, portanto, para a estocasticidade.

53. *Mitamorfose da rã, no rio Cize (400 metros).*

Estes poucos exemplos do meio aquático dão-nos uma ideia das condições iniciais da metamorfose que terá lugar nos Lissamphibios, Anurans e Urodeles. Em particular, informando-nos sobre as origens da anterioridade da histólise "desestruturante" e da histogénese "estruturante", que vamos explorar no Euproctus. A metamorfose de Urodeles é muito gradual, e embora a cauda seja preservada no estado adulto, os membros aparecem primeiro, cronologicamente, antes do desaparecimento das brânquias, que degeneram. A pele, que serve para a respiração, remodelou-se, adoptando a configuração mais favorável ao seu novo ambiente e conservando uma parte da sua autonomia ao ar livre, com a ajuda do muco. O sistema circulatório, constituído pelos arcos visceral e aórtico, bem como pelo coração e pelos pulmões, embora de dimensões reduzidas, está agora instalado.

Consequentemente, tem tendência para manter características mais anfíbias do que terrestres, ao mesmo tempo que pode ter uma respiração oral-faríngea relativamente eficiente e uma respiração pulmonar muito reduzida, durante uma longa adaptação terrestre.

[35]Tendo em conta estas condições iniciais, muito procuradas durante as etapas evolutivas da transição entre o meio aquático e o meio terrestre, é necessário concentrarmo-nos nos mecanismos fundamentais da metamorfose, durante os quais a glândula tiroide e a hipófise desempenham um papel importante.[36] desempenham um papel importante. Este limiar de transição de fase de um organismo vivo em transformação combina disposições nervosas e hormonais internas e exige uma regulação coordenada da atividade intracelular e da coesão intercelular. Os estímulos externos, como a temperatura e a luz, variam consoante a altitude e a estação do ano e, a longo prazo, devem ser tidas em conta as flutuações climáticas e geológicas, se não mesmo cosmológicas. A resposta a esta sensibilidade

---

35 Durante a organogénese, a glândula tiroide diferencia-se da endoderme. A nível celular, o aparelho de Golgi evacua as secreções formadas, que passam da glândula tiroide para o sangue.

36 A hipófise é constituída por um lobo posterior e um lobo anterior, sendo que este último segrega hormonas tireotrópicas envolvidas na secreção de tiroxina, que actua no metabolismo, na diferenciação celular e no crescimento. A corticotropina actua sobre o corticosunenal, que é sensível ao stress, nomeadamente térmico, em relação ao hipotálamo.

envolve os diferentes processos bioquímicos de histólise e histogénese, que desencadeiam a metamorfose quando as glândulas tiroide e pituitária são activadas, produzindo hormonas como a tiroxina e a corticotropina.

54. Tetrápodes muito grandes de rãs num furo de água em drenagem no Ardeche.

Para compreender este processo de transição por mëtamorfose, é interessante olhar para os modos intermëdiários, pelo que a flora e a fauna intertidais têm de lidar përiodicamente com uma presença e ausência cíclica de água devido ao regime de marés que não lhes impõe sistematicamente uma mëtamorfose, mas adaptações temporárias a estes constrangimentos naturais que exigem transformações temporais reversíveis a estas flutuações externas. Para algumas espécies, estes estágios intermediários tornaram-se sëlectivamente irreversíveis, especialmente durante a revolução dos anfíbios. No nosso estudo, para efeitos de modelação, partimos do princípio de que a metamorfose é um período crítico comparável a uma mudança de fase que ocorre num organismo vivo, comparável, em suma, a uma bifurcação entre dois estados, sólido e líquido, líquido e gasoso, estando a água intimamente associada aos componentes bioquímicos que ajudam a manter um organismo vivo. Ao longo das gerações, animais como os anfíbios passaram gradualmente, por variação e seleção natural, do meio aquático para zonas intermédias de lagoas e pântanos e, incidentalmente, progrediram ao longo das margens dos lagos e rios para se tornarem terrestres, através de adaptações induzidas durante muito tempo. Embora estas adaptações fossem reversíveis a curto e médio prazo, quando os seus descendentes se adaptaram gradualmente a longo prazo, para alguns deles tornaram-se irreversíveis. Isso exigiu um processo evolutivo lento e altamente complexo, cujas etapas discutiremos, primeiro delineando os fundamentos físicos dessas mudanças de fase, antes de descrever metodicamente a metamorfose de Euproctes. Experimentalmente, se reduzirmos um organismo à sua massa de água, representada por uma simples gota, observamos mudanças à medida que este pequeno volume de água passa pelo ar. Esta célula aquática muito simplificada, apesar da sua aparência, não é homogénea, sofre condições diferentes consoante as variações do seu meio aquático inicial, terrestre e aéreo, que modifica a sua pressão e temperatura, alterando a sua configuração interna com um volume quase constante. Na água, para uma dada temperatura, a gota está aparentemente em equilíbrio estável, embora não possamos ignorar os movimentos brownianos internos e as flutuações dissipativas das moléculas de água que vão reagir a qualquer alteração externa da massa de água envolvente, ela própria constituída por um conjunto de gotículas finas e intimamente ligadas. Quando transferimos esta gota para o ar livre, ela reage e adopta uma nova configuração, a gota é dotada de uma fina película que a separa do ar ambiente, criando uma descontinuidade e uma superfície de troca, uma membrana mantida entre o meio interno da gota de água e o ar ambiente. Se adicionarmos componentes químicos ao interior desta célula elementar de água sob as condições gravitacionais da Terra, em primeiro lugar na água, o potencial químico e consequentemente as condições termo-hidrodinâmicas atingirão uma nova condição de equilíbrio que difere da anterior, dependendo da pressão hidrostática e das formas de união com as outras gotas de água. Alterações mais consequentes ocorrem quando a gota fica isolada em meio aéreo, onde um novo equilíbrio celular se estabilizará momentaneamente em função das variações de temperatura ambiente e da sensibilidade bioquímica da água associada a componentes como proteínas e enzimas que se rearranjam. Um novo potencial será adquirido pela célula protegida pela fina película tensioactiva, constituindo a membrana uma espécie de envelope protetor muito desenvolvido durante a revolução das células biológicas, que adquirem uma estrutura coerente.[37] que adquirem uma coerência vital.

Vejamos as propriedades fundamentais desta interface representadas pela sua superfície *(s)* que varia de forma reversível para uma dada energia $E = a\ ds$, **a** é o coeficiente de tensão superficial da superfície de separação, A energia total do sistema bifásico (líquido, vapor) implica que se tenha em conta esta ínfima energia residual da interface, para além da temperatura, que determina a energia livre *(c)* das ligações bioquímicas dos componentes associados à água, e a entropia do sistema. A volume constante, a gota tem um potencial termodinâmico para o qual contribui a membrana superficialmente ativa. Como pode esta célula de água evoluir?

Durante uma transição de fase entre dois estados líquido e gasoso, à medida que se aproxima o ponto crítico da mudança de fase, a largura da camada de transição aumenta e adquire uma espessura macroscópica, próxima do ponto crítico. Esta largura pode ser assimilada às correlações das suas flutuações críticas, o que significa que a tensão superficial corresponde ao produto da largura das flutuações críticas pelo valor da densidade de probabilidade do potencial termodinâmico acima descrito. A sua tensão superficial *a* é aproximadamente igual à temperatura crítica subtraída da temperatura ambiente. Neste novo estado cristalino, mais ou menos líquido, as faces da gota composta tornam-se menos homogéneas do que numa simples gota de água, mas apresentam pequenas superfícies planas ligadas por partes arredondadas em vez de arestas rectas, em função do estado de cristalização que progrediu para uma certa metaestabilidade. Um estado instável que modifica as junções e as relações entre as gotículas, mantendo a coerência vital para os organismos vivos, em função da sua energia livre *(c)*. Para continuar a nossa modelização, consideramos agora esta célula de água, associada a um

---

37 As vozes da emergência, Chomin Chunchillos, Belin.

complexo bioquímico que adquiriu uma coerência vital, rodeando-se de uma membrana que se tornou mais complexa, com faces opostas hidrofóbicas e hidrofílicas que admitem inclusões constituídas por proteínas básicas muito activas entre os meios que separa. O estado interno pode também ser considerado como próximo do de um cristal líquido em equilíbrio, que se torna muito instável ao ar livre, tendendo a provocar uma evaporação da água mais ou menos limitada pela espessura e pela composição da membrana. Submetido seletivamente a perturbações no seu ambiente, o cristal líquido metaestável, fora do equilíbrio estável, reage. Os seus componentes bioquímicos são reagentes que adoptam :

"No final, a nova conformação é reconfigurada sob o efeito combinado das afinidades bioquímicas dos componentes que reagem, num estado dinâmico metaestável que caracteriza a coerência vital da célula".

Isto evita temporariamente uma alteração destrutiva e o desaparecimento da célula por desidratação; estamos no limiar das necessidades da metamorfose. Vejamos mais de perto como a nossa célula semi-líquida reage a baixas temperaturas para retardar os processos. Os átomos da água e os dos componentes bioquímicos vibram para manter este estado de cristal líquido a baixa temperatura, que actua constantemente de forma diferenciada sobre o estado interno, endurecendo o arranjo molecular mais favorável à sua sobrevivência, que ao longo dos milénios se tornou genético, localizado no ADN "condensado" num núcleo protegido por sua vez por uma membrana. [38]Este ADN, ao dobrar-se, adquiriu persistência e um certo grau de liberdade durante a duplicação, que se exprime por variações genéticas fundamentalmente aleatórias. De um ponto de vista ëvolutivo, o ADN seria composto por partes codificantes e não codificantes, as partes não codificantes teriam capacidades de correlação de longo alcance, enquanto as partes codificantes muito densas são comparativamente mais compactas e estáveis, este conjunto é sensível às flutuações ambientais. No capítulo seguinte sobre a regeneração, desenvolvemos um modelo simplificado da cadeia de ADN para demonstrar a sua sensibilidade às perturbações.

O núcleo de uma célula que contém este ADN é protegido por uma membrana e está sujeito, em menor grau, aos constrangimentos do meio exterior. Os componentes bioquímicos da célula reagem a estes constrangimentos variando as suas afinidades, que são limitadas por uma hierarquia genética e epigenética estrutural e funcional:

"A água é mais sensível à
temperatura do que outras moléculas.

Estes últimos, mais estáveis, terão tendência a adotar uma conformação bioquímica óptima para evitar as perdas de água que se tornam inexoráveis quando se passa de um meio hídrico para um meio aéreo com o aumento da temperatura.

No caso de uma simples gota de água posta em contacto com o ar, esta evapora-se muito rapidamente em função da temperatura, passando do estado líquido ao estado gasoso. No caso da célula de cristais líquidos que se tornou biológica, protegida por membranas selectivas, a mudança de fase é reactiva, com a atividade bioquímica e termo-hidrodinâmica a atingir um estado crítico fora do equilíbrio instável e a organizar-se "de forma diferente" para manter o equilíbrio interno, a fim de evitar a secagem ao ar. Foi assim que o papel das membranas celulares, das células epidérmicas e da derme conjuntiva da pele se tornou uma vantagem selecionável num organismo vivo. Nomeadamente, quando o meio ambiente variava e o organismo adquiria assim um potencial de adaptabilidade compatível com a sua sobrevivência e evolução ao longo do tempo, era capaz de mudar o seu modo de vida através da metamorfose, que actuava modulando a transição de fase da água e das moléculas. Estes constituintes das células associadas vão sofrer transformações irreversíveis durante o desenvolvimento do organismo, à medida que este se encaminha para uma mudança de ambiente, através da metamorfose.

Vejamos estas predisposições ancestrais durante a formação da glândula tiroide nos seres humanos, descrevendo o papel iminente desempenhado pelo iodo secular altamente reativo. Na faringe, forma-se o contorno da glândula tiroide e, entre os arcos branquiais ocos, forma-se uma bolsa branquial que, nos peixes, se abre em fendas branquiais. No homem, esta região deu origem ao ducto tireoglosso, origem da glândula tiroide, quando as bolsas branquiais desapareceram.

55 e 56. Na primavera, larvas com guelras, à esquerda, uma rã em água fria no Monte Lozere (1400 metros) e à direita, uma salamandra terrestre num riacho das Cevennes (400 metros).

57. No verão, larva de pirinídeo Euproct com guelras, num charco a montante do Neste du Moudang.

É aqui que entra o iodo, com as suas propriedades físicas e bioquímicas. Trata-se de um elemento químico halogenado, pouco solúvel na água e muito concentrado na água do mar. Em determinadas condições, o iodo quimicamente reintegrável está muito envolvido na produção de radicais livres, que geram reacções em cadeia em associação com outras espécies químicas e bioquímicas. É um oligoelemento que se liga preferencialmente aos compostos orgânicos. A partir do iodo, os componentes das hormonas tiroideias são metabolizados na glândula tiroide. As hormonas tiroideias são muito activas nas células do organismo, aumentando o metabolismo básico e a síntese proteica e contribuindo para o crescimento.

O organismo reage às flutuações do ambiente circundante (temperatura, luz, odores, sons, pressão) libertando catecolaminas e tiroxina, que provocam um fornecimento de glicose à célula. Através da dupla ação da tiroxina e da adrenalina, ocorre um aumento da oxidação com a produção de calor por dissociação da fosforilação oxidativa. Ao actuarem em sinergia, estas hormonas modificam o metabolismo e a excitabilidade do cérebro no eixo hipotálamo-hipófise-tiroideu. É assim que os iodetos que circulam no sangue vão parar à glândula tiroide, onde são oxidados, sendo *o hidrogénio substituído por iodo*, cujo resíduo se condensa para formar a tiroxina segregada, que passa para o sangue ligando-se a uma alfa-globulina. A termólise por ativação térmica, química ou fotoquímica do iodeto é dita um processo químico pseudo-biomolecular: $I° + _{m}$ dá $HI + I°$ (140 KJ/mol), sendo que o iodo, em pequenas quantidades, catalisa, ou seja, acelera, as reacções de decomposição de uma espécie química substituindo o hidrogénio. Desta forma, $_{o}$ $_{I2}$ dissocia-se em dois radicais livres $I°$ e provoca uma reação de iniciação, depois a propagação e a rutura da reação em cadeia com a espécie química em questão, sendo finalmente o iodo "*regenerado*" na sua forma $_{I2}$. No entanto, a regeneração dos dois radicais livres quando a reação em cadeia se interrompe envolve outro componente químico, um recetor capaz de absorver o excesso de energia sem dissociar o produto formado. A concentração de iodo tem uma influência clara na velocidade da reação em cadeia deste complexo. No eixo hipotalomo-hipo-tiroideu, a tireoestimulina (*TSH)* segregada pela ante-hipófise estimula a glândula tiroide a segregar as hormonas tiroideias $_{T3}$ e $_{T4}$, e existem receptores de **TSH nos** fibroblastos da pele (tecido conjuntivo), no coração e nos músculos oculomotores. Os iodetos $_{I-}$ circulam no sangue e são captados na glândula tiroide, são oxidados a $I°$ ou $I~$, **os** átomos de hidrogénio H da tireoglobulina são substituídos por iodo para formar resíduos iodados que se condensam em :
- 3,5,3' triiodotironina, conhecida como $_{T3}$
- 3,5,3',5' tetraiodotironina, conhecida como $_{T4}$ ou tiroxina

Estas duas hormonas tiroideias são segregadas e passam para a corrente sanguínea; as hormonas tiroideias e corticossuprarrenais regulam o metabolismo basal, mantendo as funções vitais em repouso e em hibernação. A hormona tireotrópica estimula a secreção de tiroxina, que tem efeitos fisiológicos morfogenéticos e metabólicos. A tiroxina está envolvida no crescimento e no desenvolvimento, e a sua alteração atrasa o crescimento e a maturidade sexual. Nos anfíbios, uma ingestão incidente desencadeia uma metamorfose induzida. A tiroxina actua na multiplicação e ativação das mitocôndrias em correlação com a regulação nucleica, participando assim no balanço energético nesta co-ação que salientei anteriormente, para a qual contribuem os complexos proteicos das membranas mitocondriais. As hormonas da tiroide têm dois locais de ação principais.

No local de ação nuclear, estão envolvidos na regulação e transcrição de genes alvo. No local de ação mitocondrial, promovem o desacoplamento da fosforilação oxidativa, que condiciona a translocação de protões.

Em termos de metabolismo, a hiperfunção da tiroide aumenta as funções vitais, como a respiração e o ritmo cardíaco, ao ponto de influenciar a emotividade, podendo assim ter um efeito no comportamento de voo para um ambiente mais favorável.

Pelo contrário, uma carência de iodo reduziria as trocas metabólicas e contribuiria para um estado de hibernação, num estado mínimo de energia livre, até à estimulação do hipotálamo, que aumenta a secreção tiroideia, e da adrenalina, que actua sobre a tiroide. Devemos acrescentar que a tirosina, que é um aminoácido aromático com um grupo ácido fenólico fraco, juntamente com o triptofano, absorve os raios ultravioletas entre 260 e 290 nm de comprimento de onda, que são muito frequentes em altitude. O seu metabolismo leva à formação de hormonas como a tiroxina e a adrenalina, bem como dos pigmentos que mencionámos na pele dos Euproctes. Durante a metamorfose, há uma modificação dos pigmentos, o que levaria a uma mudança na absorção das células receptoras para comprimentos de onda mais curtos no adulto do que no tetardo. O núcleo aromático da tirosina permite a substituição dos derivados de iodo das hormonas da tiroide. A ligação de hidrogénio envolve o grupo fenólico da tirosina e *o NADPH* é uma coenzima reduzida envolvida na hidroxilação da tirosina.

Edward Calvin Kendall, galardoado com o Prémio Nobel da Física em 1950, isolou a hormona tiroideia *T3*, tri-iodotironina, e *T4*, tiroxina.[38] A hormona tiroideia é regulada pelo eixo hipotalâmico e hipofisário em resposta a factores climáticos como a temperatura e a luz. A sua difusão na corrente sanguínea contribui para a metamorfose, pois a concentração máxima corresponde a transformações complexas no organismo, possuindo cada tecido uma sensibilidade específica a este fluxo de hormonas tiroideias, que actua ao nível do núcleo celular regulando a expressão dos genes através de um conjunto de receptores, proteínas sensíveis que activam ou reprimem as hormonas tiroideias.[39] que activam ou reprimem os genes. *A T3* actua nos tecidos larvares através de uma cascata de regulação génica por ligação aos receptores, enquanto a sua atividade sobre outras proteínas modifica simultaneamente a superfície celular, com repercussões nas interacções e posições celulares. Esta dinâmica, que modifica a transcrição de genes estruturais e enzimas, bem como as variações nas interacções celulares, provoca a metamorfose, com a remoção dos tecidos larvares e a geração de novos tecidos para o futuro adulto. É de salientar a relação entre a epiderme, os nervos e o tecido conjuntivo, que se desenvolve em quantidade à medida que a epiderme é remodelada.

No caso dos anfíbios, esta transição ambiental ocorreu através da adoção de processos que envolveram modificações drásticas para passar do estado larvar ao estado adulto. Desta forma, o potencial hídrico era mantido no organismo por uma combinação de variações mínimas da temperatura exterior e das potencialidades bioquímicas variáveis envolvidas nesta transformação salutar, que se tornava irreversível sob o efeito de constrangimentos selectivos naturais e do encerramento do programa genético, no sentido da irreversibilidade do processo de metamorfose.

Após uma vida aquática, as plantas e os animais estabeleceram-se nas margens do mar e dos rios antes de se tornarem terrestres, permanecendo sempre dependentes da água, os seus organismos adaptados ao longo da sua evolução adquiriram, através do jogo incessante da variação e da seleção natural, as capacidades de manter uma quantidade suficiente de água para se destacarem gradualmente do ambiente aquático.

---

38 O nível plasmático de T3 inicia a metamorfose e sobe até um máximo platô e depois cai novamente, enquanto o T4 atinge um máximo após uma fase platô correspondente ao máximo de T3 em um antagonismo complementar, uma forma de acoplamento não muito diferente das estruturas limitadas aleatórias em sistemas não-lineares e lineares com baixos coeficientes de divergência.
39 Hormonas corticosteróides e esteróides sexuais, ácidos retinóicos.

Adquiriram adaptações fisiológicas importantes para conter a água e evacuar os resíduos tóxicos, com modificações do sistema respiratório e da regulação térmica, a formação de um esqueleto mais resistente para transferir a água para a terra e para se deslocarem para se alimentarem e beberem. Foi assim que as plantas povoaram a terra (Siluriano Superior, - 400 Ma), extraindo a água do solo e transportando-a das raízes, através de um sistema vascular, para as partes superiores do corpo, protegidas do calor por uma película cerosa, como na **Rhynia Cooksonia**. Estas plantas forneciam uma abundância de alimentos aos invertebrados e vertebrados que co-evoluíram nos continentes.

Os primeiros tetrápodes eram aquáticos, como demonstram os fósseis de anfíbios **Acanthostega** e **Ichthyostea** encontrados na Gronelândia (- 365 Ma). *O Acanthostega* assemelhava-se a uma salamandra gigante, com patas de oito dedos e um aparelho branquial interno.

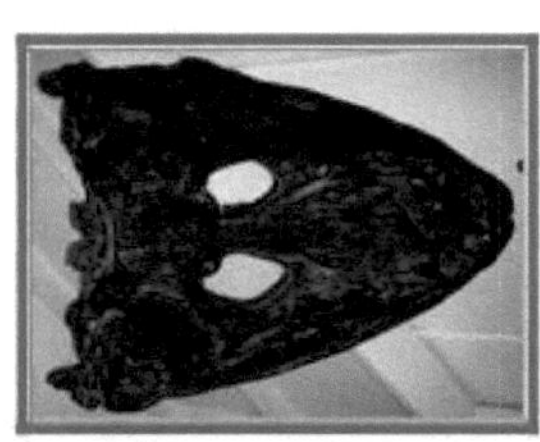

58 e 59. Fósseis de anfíbios, crânio de tetrápodes e Ichtyostea.
(Prehistorama de Rousson, Gard, Occitanie, França).

Terão emergido da água à beira-mar, beneficiando de adaptações às marés, ou, de uma forma mais geral, durante as sucessivas regressões e transgressões marinhas, se não na água doce durante fases repetitivas de secagem que implicaram adaptações progressivas à vida terrestre?

A vida junto à costa parece responder a uma parte da questão: se **Tulerpeton** era marinho, **Ichthyostega,** já terrestre, deslocava-se ao longo da costa com as suas patas de cinco dedos, enquanto **Acanthostega,** ainda aquático, vivia nos estuários, com os membros incapazes de suportar o corpo. Estes anfíbios em desenvolvimento migraram destas zonas intertidais para as poças de maré, rios e lagos, passando por períodos de aquecimento que favoreceram seletivamente os que tinham predisposição para a vida terrestre. Estas espécies adquiriram a capacidade de se adaptar a esta transição ambiental, metamorfoseando-se em organismos terrestres através de uma reação em cadeia ao iodo marinho, cada vez mais residual, contido nas suas glândulas benéficas.

Esta adaptabilidade fisiológica e morfológica exigiu o aproveitamento de características ancestrais (patas, respiração cutânea) e, sob o efeito de factores externos como a luz e a temperatura, levou à ativação da glândula tiroide, que desencadeou a metamorfose em diferentes graus, chegando mesmo a modificar os membros e a adaptar os sistemas respiratórios, tornando-os mais aptos para esta transição do meio aquático para o terrestre, evitando a dessecação fatal. Além disso, este modo de transição manteve uma capacidade de regeneração de órgãos em anfíbios e urodelos, como o Euproctus.

Capítulo VII

Regeneração celular.

Em março de 1776, Voltaire dirigiu uma carta a l'Aьbё Lazzaro Spallanzani que ёtudou a гедё^^^ dos órgãos, o filósofo que tinha lido "*Os seus Opúsculos de Física Animal e Vegetal*" deferiu às expёriências e à razão do naturalista italiano, ele tinha ссирё a cabeça de alguns limacons e ёст^к-lhe as suas observações na sua missiva.

"As cabeças voltaram... apenas as peles tinham sido reproduzidas".

Observando Euproctes ёvolve nos seus lagos, só a perda acidental de um órgão por agressão de predadores ou amputação acidental justifica a sua гедё^^^, pelo que este processo deverá encontrar a sua origem na sua adaptabilidade durante a sua ёvolução, ontogenia e capacidade^ de mёtamorfose, que acabámos de discutir. A minha linha de investigação sobre a respiração cutânea e a excreção pelas glândulas da pele parecia promissora, na medida em que: associava o campo da coordenação da atividade celular com a expressão génica, numa coação que determinaria esse potencial de rёgёnёração, através da ativação das células estaminais intersticiais da epiderme. O que Voltaire considerava serem os sistemas da Natureza, no mínimo complicados, comentando maliciosamente o naturalista Charles Bonnet, que ousou avançar hipóteses aventureiras e ainda místicas sobre a involução dos seres na sua "*Palingesie philosophique*", ou seja, o regresso à vida após a morte aparente...

Para esta ressurreição telereológica natural, consideraremos o complexo^ dos processos evolutivos como a manifestação de interacções mútuas entre diferentes níveis de integração dos organismos vivos, que nos parecem hierarquicamente organizados em protёinas, células e animais. Supõe-se que a sua resolução passa por uma fase crítica de transição divergente entre li^ar^ e não li^ar^ durante a emergência, sob controlo gёnёtico, destas estruturas biológicas hёtёrogénicas com correlações funcionais (sistemas nervosos, circulação sanguínea, órgãos).

O que têm em comum, como unidade de coordenação da atividade celular, é a energia livre resultante das interacções biológicas e químicas, *ab initio quântica*, expressa sob a forma de um campo unitário frequentemente designado por campo morfogenético. Tenho ёtё levado a qualificar este campo como quântico, relacionando-o com a física estatística, pois implicaria para uma onda, o Hamiltoniano da mёcânica quântica. De acordo com as nossas propostas, a dinâmica conjunta dos fluxos de electrões e protões mantidos na mitocôndria, faria com que um campo pu^ de protões e fotões se saturasse no seu espaço intra-membranar por uma associação ёnergizante dos complexos protёine, que, no limiar, provocaria um rearranjo instantâneo dos átomos da célula, assegurando a coordenação da atividade celular, para se alimentar antes de uma longa fase metabólica, a fim de manter a coesão vital do animal.

(i) Para um mínimo de energia livre, o animal teria tendência a adotar uma configuração fora do equilíbrio instável em torno de uma média, esta relativa homeostase assegura-lhe uma coerência vital no ambiente em que se alimenta e reproduz.

(ii) Esta instabilidade fundamentalmente aleatória no espaço-tempo quântico gera, para cada espécie reprodutora, uma variabilidade gёnёtica à medida que evolui no espaço e no tempo do seu ecossistema flutuante.

(iii) Através de constrangimentos selectivos internos e externos, há uma seleção natural das suas variações aleatórias de acordo com as circunstâncias, acentuada pelas pressões selectivas humanas.

Isto leva-nos a definir um objetivo de investigação para a regeneração:

"Enquanto processo complexo, a revolução contingente de uma espécie faz-se através de uma adaptabilidade estocástica cujas divergências resultam da relação entre as variações fundamentalmente aleatórias e a aleatoriedade dos constrangimentos selectivos naturais, atualmente antropizados. Esta relação darwiniana pode ser medida por um coeficiente de adaptabilidade normalizado ao qual corresponde um valor adimensional equivalente a uma energia livre de um campo quântico unitário que coordena a atividade celular".

Algumas espécies animais têm a capacidade de regenerar os seus órgãos. [41]A hidra e a estrela-do-mar, o choco regeneram um tentáculo em trinta dias, o lagarto reconstitui a sua cauda... Os tritões e as salamandras restauram incidentalmente os órgãos amputados a partir de células indiferentes, enquanto nos mamíferos esta possibilidade se limita a alguns tecidos ou a uma renovação sazonal (chifres nos veados, muda da pele). No caso da *mamona, já mencionámos* esta possibilidade, que é utilizada exclusivamente para reparar os tecidos do sistema digestivo danificados por lascas de madeira; nos seres humanos, a regeneração actua com moderação no fígado, na pele, nos ossos e nos músculos. A salamandra-manchada, **Ambystoma** *maculatum*, tem uma simbiose original com a alga verde **Oophila** *amblystomatis*, que se encontra no Canadá e nos Estados Unidos e está amplamente distribuída. Esta salamandra tem uma duração de vida espantosa, entre 22 e 30 anos. Esta alga verde coloniza o sistema reprodutor da salamandra, a sua descendência e os seus embriões, permitindo associações que potenciam o crescimento dos embriões por fotossíntese, introduzindo-se antes do estabelecimento do sistema imunitário.

Mencionei o crescimento notável de plantas nos riachos ferruginosos dos Pirinéus, onde vivem os Euproctes. Recentemente, os investigadores da optogenética demonstraram a influência da luz sobre os genes de uma alga vermelha (opsina) incluídos nas células-alvo do olho, que se tornam suficientemente fotossensíveis para restaurar parcialmente a visão.

Com estes exemplos, pretendo realçar o papel presumível dos fotões, nomeadamente os produzidos pela interação de protões, se forem considerados saturados no espaço intermembranar das mitocôndrias. Numerosas publicações abordaram as emissões de biofótons mitocondriais e os seus efeitos sobre a atividade eléctrica das membranas do ponto de vista da mecânica quântica, introduzindo o Hamiltoniano.

De acordo com esta investigação, iniciada por Fritz Albert Popp, a energia dos biofótons seria libertada num tempo muito curto numa gama de frequências com comprimentos de onda entre 260 e 800 nm, dissipando-se durante um longo período de tempo em estados coerentes e comprimidos, se não mesmo condensados.

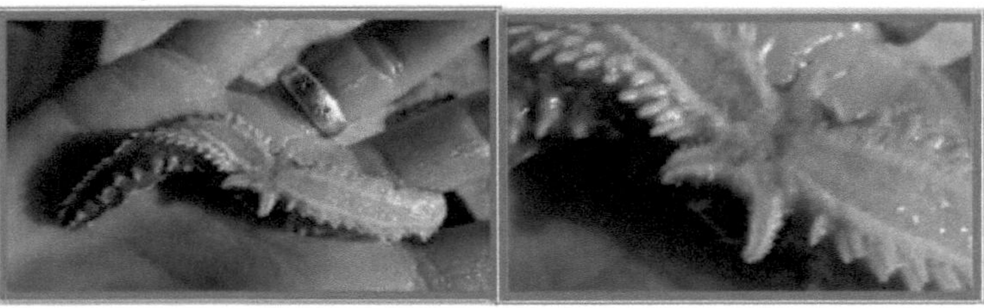

41 La regeneration des bras de la seiche Sepia officinalis, Museu Nacional de História Natural e Estação Biológica de Roscoff, Jean-Pierre Feral, 2011.

60. *Regeneração de uma estrela-do-mar, estação de investigação Concarneau IFREMER.*

Nos capítulos precedentes, analisámos o tecido cutâneo do Euprotectus, deduzindo a sua autonomia respiratória e excretora, que se limita às células da epiderme e da derme, Discutimos depois os processos de desenvolvimento e de metamorfose segundo três hipóteses demonstradas ao nível dos complexos proteicos situados na membrana interna das mitocôndrias, que integraram no seu funcionamento uma luz interna sob a forma de uma onda discreta, descrita como um campo de impulsos de protões e de fotões, em saturação.

Hipótese 1 - A atividade celular seria coordenada por um campo de protões e fotões saturados, pulsados no limiar, no espaço inter-membranar mitocondrial. Nesta cavidade, formariam uma onda amortecida de protões e fotões de grande celeridade, este campo pulsado interagindo com os átomos da célula e do meio celular daria origem a soluções estritamente quânticas, ditas "frias", depois "quentes" durante uma transição para o domínio termo-hidrodinâmico por flutuações-dissipações das unidades de nível de integração, as proteínas, as células, o animal. O valor da amplitude de difusão deste campo seria a condição para a coordenação da atividade celular dentro dos limites estreitos das frequências envolvidas na produção de energia livre pelos complexos proteicos através da produção de ATP, da qual derivam os acoplamentos bioquímicos que asseguram a compatibilidade funcional, a coesão e a aderência estrutural das células que mantêm a coerência vital do animal.

Hipótese 2 - Durante a interação instantânea do campo de impulsos limiares com o ambiente mitocondrial e a célula, sugeriremos a presença de um hipotético bioplasma, fonte de condensação (ADN, proteínas, etc.) e de vórtices na origem da nucleação. A co-ação dos complexos proteicos que geram os campos de energia em interação com o ADN seria simultaneamente um processo ativador e moderador de reacções em cadeia geneticamente controladas, se considerarmos :

"a densidade de probabilidade de acoplamento dos campos limiares pulsados, enquanto unidade de coordenação e coesão celular, está envolvida no mosaico bioquímico das unidades de nível de integração que asseguram a coerência vital do animal".

Hipótese 3 - *Demonstrámos* a divergência das dërivëes de onda deste campo quântico, que teriam uma tendência não linear para se espalharem no espaço-tempo, com efeitos aleatórios normais, mantendo-se sob controlo genético e epigenético. Esta co-ação dos complexos proteicos produtores de energia (ATP) sobre o ADN tornar-se-ia, aliás, anormal em função do seu grau de divergência. Em particular, durante as deletëres reações em cadeia com efeitos multiplicativos disruptivos cuja nucleação seria ativada a partir de íons e radicais livres em excës que causariam uma mudança nos níveis de energia do meio celular, mais particularmente seu campo de coordenação unitário.

A modelação do crescimento de agregados a partir de germes iniciados durante o processo de nucleação evocado durante a fecundação e o desenvolvimento do ovo parece-nos muito útil para compreender a regeneração dos órgãos. Processo que resumiremos brevemente para o situar no contexto da regeneração, o desenvolvimento das células é caracterizado por gradientes devidos às suas divisões sucessivas e a interacções celulares que ocorrem a vários níveis de resolução, tais como os das partículas atómicas e dos átomos que constituem as moléculas das proteínas e das células do animal em evolução no seu ambiente. De acordo com as nossas hipóteses, este complexo mosaico físico-bioquímico é coordenado por energias biológicas baixas sob controlo genético num determinado ambiente, terreno favorável ao seu desenvolvimento, a partir de um agregado inicial de células estaminais activas, para dar, após diferenciação, órgãos funcionais, e eventualmente contribuir para a sua regeneração, mais particularmente em meio aquoso. Quando Oparine quis reproduzir os primórdios da vida reconstituindo os aminoácidos na sua experiência, desencadeou um fluxo de energia muito elevado provocando um relâmpago numa sopa de moléculas que se estruturaram numa série de aminoácidos que constituem o ADN. Embora os resultados deste eletrochoque se tenham revelado demonstrativos na altura, cobriram toda uma gama de comprimentos de onda, incluindo os que propomos para o campo de impulsos de saturação de protões e fotões, certamente próximos dos sugeridos para os biofotões. Hoje em dia, os investigadores dão tanta ou mais importância às baixas energias envolvidas nos organismos vivos e à complementaridade dos diferentes níveis de resolução evocados nas hipóteses acima referidas.

Já comentámos longamente a importância dos protões na biologia, como ácido fraco fornecedor de protões, e o papel do ácido salicílico, presente na casca do salgueiro e absorvido pelos castores, foi longamente abordado em "*O rícino das Cevenas*". A ação no organismo deste precursor da famosa aspirina, que alivia muitas dores, é reconhecida desde a Antiguidade como tendo efeitos terapêuticos analgésicos e tem um futuro brilhante, desde a Idade Média até aos nossos dias. Embora os processos vitais sejam eminentemente complexos, podemos afirmar trivialmente que a vida consiste em manter, num contexto necessariamente fora de equilíbrio instável, uma dinâmica permanente de protões e electrões nos organismos reprodutíveis das espécies que evoluem por variação sob o efeito de constrangimentos selectivos naturais, hoje altamente antropizados. Quando esta via é perturbada, a vida abranda, por vezes voluntariamente como no caso da hibernação, estabilizando-se num nível energético mínimo com adaptações reversíveis. Se esta perturbação não for interrompida, a vida pára, mais particularmente quando factores internos e externos alteram gravemente esta via vital, através de reacções em cadeia deletérias.

***61. No Euproctus, um membro cortado
acidentalmente regenera-se.
Esta espécie está protegida contra este tipo de
experiências.***

Em Urodeles e Euproctus, a regeneração de um órgão acidentalmente amputado contorna este obstáculo através do recrutamento de células estaminais ou intersticiais maduras de reserva.

Após a amputação de um órgão, estas células, "activadas" pelo estado de choque, podem dar origem a vários tipos de células diferentes, o que permite reparar tecidos danificados como as queimaduras e, a longo prazo, prever terapias contra os cancros e as doenças degenerativas, pelo menos numa primeira fase, para compreender melhor como se desenvolvem e proliferam anarquicamente as células perturbadas por agentes físicos e químicos. Para um certo número de espécies, o meio aquático permitiu uma respiração celular cutânea autónoma através da absorção direta de dioxigénio (O_2) e da excreção de resíduos metabólicos (CO_2, resíduos azotados). Este meio aquoso, propício à coordenação entre as células, é considerado como uma das condições iniciais da capacidade de regeneração de um órgão, processo que foi testado durante muitos anos durante o desenvolvimento e a metamorfose dos lissamphibios. Ao afastar-se destas condições iniciais, a perda de autonomia e de coordenação da atividade intercelular cutânea teria implicado uma capacidade de regeneração cada vez mais limitada nos Anuros, tornando-se muito reduzida nos Mamíferos, sem anular a possibilidade de uma reação crítica em cadeia a nível celular. Estamos no centro de processos complexos de evolução biológica e de questões vitais de civilização, que exigem abordagens multidisciplinares. Esta investigação apela à cooperação científica internacional para encontrar soluções para problemas de sobrevivência e de ética que vão muito para além da nossa apresentação naturalista do Euproctus. O estudo do crescimento dos agregados em geral, e das células em particular, é essencial para compreender o desenvolvimento das células normais e a proliferação celular. A este respeito, a regeneração dos órgãos nos anfíbios, e nos Urodeles como o Euproctus, é uma área importante de investigação que está a ser explorada por muitos investigadores.

Apresentámos três hipóteses sobre a natureza das interacções complexas entre as células que aderem umas às outras: a sua proliferação é naturalmente abrandada e contida para manter a coerência vital, e o seu desenvolvimento coordenado é regulado até atingir certos limiares críticos, altura em que pode efetivamente tornar-se anárquico. Podemos dizer que, como resultado de sucessivas divisões celulares, existe uma progressão não linear de agregação numa reação em cadeia divergente aparentemente sob controlo genético e epigenético na interface dos constrangimentos selectivos do ambiente. No seu aspeto aleatório, este crescimento é estruturante e/ou destrutivo para um organismo vivo que se desenvolve normalmente ou durante a metamorfose, mas pode funcionar mal ao longo do tempo sob certas condições de stress físico e químico excessivo, quando não de deficiências genéticas prejudiciais. As causas e as consequências são difíceis de dominar quando estas divergências contidas são alteradas durante a reprodução dos organismos afectados por mutações deletérias, nomeadamente durante o desenvolvimento, que exige múltiplas divisões celulares por reiteração. Estamos perante processos evolutivos complexos e, para os compreender, temos de contornar as dificuldades utilizando modelos simples, como os da nucleação e da formação de agregados, para simular situações complicadas, treinando os modelos através de simulações exploratórias.

Em última análise, tratar-se-á de os completar assimilando dados reais para ajustar os modelos o mais próximo possível da realidade, o que nos obriga a abrir alguns parágrafos preliminares. Em primeiro lugar, no que diz respeito à nucleação, que é um passo para a formação de um agregado, e depois à sua divisão divergente, que desenvolvemos longamente durante a segmentação do ovo.

Na superfície de um líquido ao ar livre, durante a transição de fase por evaporação, ocorre a nucleação, provavelmente como resultado de vórtices com tendência estruturante numa partícula.

Devido às flutuações termo-hidrodinâmicas turbulentas entre a superfície da fase aquosa e o ar ambiente carregado de partículas, iões e radicais livres, assiste-se à formação de pequenas gotículas líquidas em torno destas partículas à medida que a fase líquida se evapora. Durante esta evaporação, as gotículas nucleantes atingem um estado de estabilidade relativa e, a partir deste equilíbrio instável, continuam a crescer, tornando-se o centro de condensação do ar saturado de vapor de água. Assim, é necessário atingir um tamanho crítico para compensar a energia devida à presença de uma interface à superfície, uma película líquida restritiva já mencionada no capítulo anterior, como a de um envelope viral, uma membrana celular, a epiderme da pele e, nos anfíbios, o precioso muco que se estabelece entre o líquido e o ar para limitar a evaporação e contrariar a perda de água.

Existe portanto, numa dimensão crítica, uma quantidade mínima de energia para que a nucleação inicial se forme e se desenvolva até ao seu estado final de "célula de água". Enquanto as impurezas, como os iões, actuam geralmente como centro de formação da nova fase do germe, mencionámos a possível formação de um vórtice a partir de um hipotético bio-plasma biológico, que estaria na origem destas nucleações. O exemplo mais conhecido desta fecundação de um germe é o do iodeto de prata utilizado para semear nuvens a fim de provocar a precipitação durante uma seca, ou a utilização de pensos impregnados de partículas de prata para facilitar a cicatrização. Na primeira fase, vemos a formação destas células de água em torno de um núcleo de nucleação iniciado por um ião, que se desenvolverá desde que tenha energia livre suficiente para ultrapassar o limiar crítico que se opõe à sua formação inicial.

Após o processo de nucleação, é a partir destas células nëo-formadas num estado de relativa estabilidade que se dá a formação de um agregado celular. Os mecanismos de crescimento são muito diversos, nomeadamente durante o desenvolvimento de um organismo vegetal ou animal, bem como durante a metamorfose e regeneração de um órgão.

No que se refere à probabilidade de formação do bio-plasma, haveria um estado condensado de muito curta duração no espaço intermembranar mitocondrial, acompanhado de vórtices estruturantes. Se este estado for comprovado pela investigação, podemos imaginar uma nucleação mais discreta, sensível ao campo de protões e fotões na saturação, ao impulso no limiar e, sobretudo, às suas ondas derivadas divergentes com tendência não linear de longo alcance, geneticamente controladas no espaço e no tempo?

Em física, a agregação por difusão limitada foi amplamente experimentada e modelada através de fractais. Assim, numa superfície, as partículas ou os germes previamente nucleados agregam-se mais facilmente de forma aleatória num ponto acidentado, permitindo-lhe crescer mais rapidamente do que numa cavidade. Neste estado de desequilíbrio instável, através da coordenação e da indução recíproca das células, o crescimento de uma estrutura ordenada seria favorecido.

Experimentalmente, num meio viscoso, resultados quase semelhantes produzem formas semelhantes a dedos. Esta digitação põe em jogo pressões e tensões que fagitam estruturas ramificadas que dependeriam da variação da velocidade das reacções bioquímicas precedidas pela amplitude de difusão do campo quântico "frio" a alta velocidade, produzindo flutuações e dissipações termo-hidrodinâmicas "quentes" correspondentes às velocidades das reacções bioquímicas.

"Em biologia, estão ligados aos parâmetros físicos e bioquímicos das células em divisão e em interação, sob o controlo do programa genético contido no seu ADN, dependendo da coordenação da atividade celular por complexos proteicos que produzem um campo unitário de energia e seus derivados divergentes, com maior celestialidade do que as interacções bioquímicas, campo até agora descrito como morfogenético".

Modalidades que devem ser identificadas por diversos meios de investigação, tanto teóricos como experimentais. Se considerarmos uma célula intersticial fora do equilíbrio, instável a um nível mínimo de energia antes de ser submetida a uma degradação como uma amputação: no início da fase de regeneração, esta instabilidade em reação ao estado de choque levaria a uma estimulação do nível mínimo de energia do meio celular, induzindo a sua ativação e divisão. Os múltiplos acoplamentos com outras células estabeleceriam entre elas uma densidade de probabilidade de um gradiente de campos em frequências bioquimicamente compatíveis associadas a flutuações termo-hidrodinâmicas dissipativas que provocariam o crescimento de um agregado em forma de blastema por digitação primária que levaria à elaboração, sob controlo genético, de um órgão regenerado. Para evitar a imagem de um programa genético, preferimos a noção de um mosaico de interacções e de vias que justificam a noção de complexidade, alargada ao conceito de adaptabilidade.

Por conseguinte, o modelo de produção deve ter em conta três parâmetros simultâneos:

- As origens filogenéticas das condições iniciais da divisão celular (1, 2, 4, 8, 16....n) tendem a ser não lineares e/ou estruturantes durante a ontogenia e metamorfose de cada espécie.

- Alterações diferenciais e interacções celulares, no limite de coordenação em função da densidade de probabilidade dos campos de acoplamento, numa co-ação da energia dos complexos proteicos (ATP) e do ADN, que se exprime pela ativação da regeneração.

- Por fim, o crescimento estrutural e funcional do órgão regenerado, que decorre dos dois parâmetros anteriores, é regido por vias bioquímicas muito complexas.

Como a instabilidade das células estaminais permanece sob controlo genético e pig'n'tico, as células em divisão adoptam uma posição de desequilíbrio instável, propícia à reconstrução completa de um órgão. Segundo o princípio de co-ação inseparável da coesão vital, coloca-se a questão da relação entre o nível genético altamente correlacionado (ADN) e o campo de impulsos limiares e a energia livre (ATP) fornecida pelos complexos proteicos mitocondriais?

A análise Wavelet dos sinais de ADN é utilizada para estudar a perturbação destes agregados genéticos. No âmbito deste método de análise, a modelização da abordagem de um ADN sintético simplificado é obtida por duas transformadas de uma função sinusoidal simples (*sin3,5x*) para simular a sua dobragem terciária em fase condensada. A segunda transformada permite uma boa legibilidade das partes não codificantes altamente correlacionadas, de longo alcance, em relação às partes codificantes de quatro bases, mais estruturadas e variáveis, consideradas mais correlacionadas a curto e médio alcance, e representadas nesta cadeia de ADN sintético, muito "distante" da realidade. Contentar-nos-emos com quatro bases indiferentes que representam a parte codificante da sequência mutagénica. O modelo pressupõe que as flutuações do ADN, de forma gaussiana, dão respostas diferentes a uma perturbação aditiva ou multiplicativa.

Utilizamos o campo de protões pulsado, no limiar, para coordenar a atividade celular como disruptor, na medida em que fornece energia livre ao ADN através do ATP. Com referência ao coeficiente de adaptabilidade utilizado durante o desenvolvimento, o ADN seria ativado para um valor mínimo de energia correspondente a um *CA bio* de *0,6* e divergiria para um *CA bio div.* médio de *3,60 +/-20*, o seu valor efetivo de dobragem.

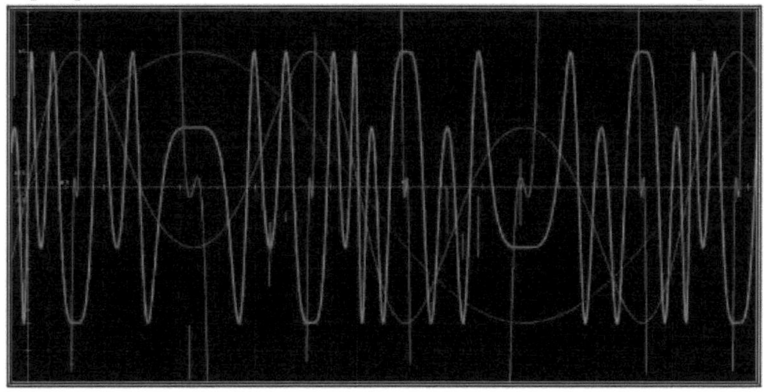

62. ADN sintético (vermelho), condensado após duas dobras (azul e verde), a parte codificante tem quatro bases semelhantes, em comparação com a parte não codificante interveniente. As derivadas indicam os mínimos das partes codificantes e os máximos locais dos pontos de inflexão muito notáveis das partes não codificantes.

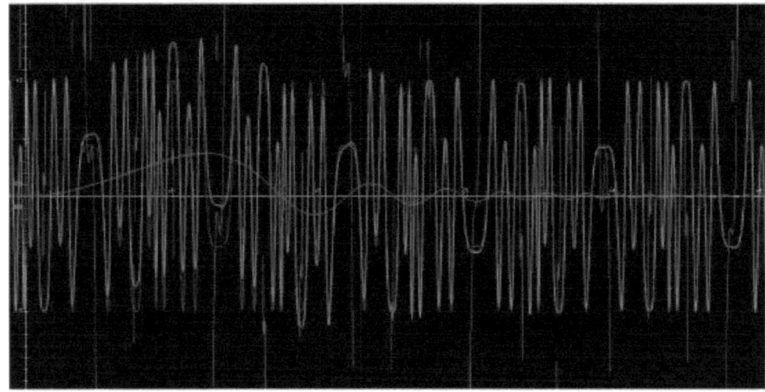

63. O ADN sintético (vermelho) é submetido a uma onda de energia mínima correspondente a uma CA de 0,6 (azul), o acoplamento aditivo com o ADN perturba o ADN (vermelho), a variante (verde) estabiliza-se com ligeiros desvios nas bases e na

123

parte não codificante, com uma deslocação das derivadas, nomeadamente dos pontos de inflexão, mais sensíveis a longa distância.

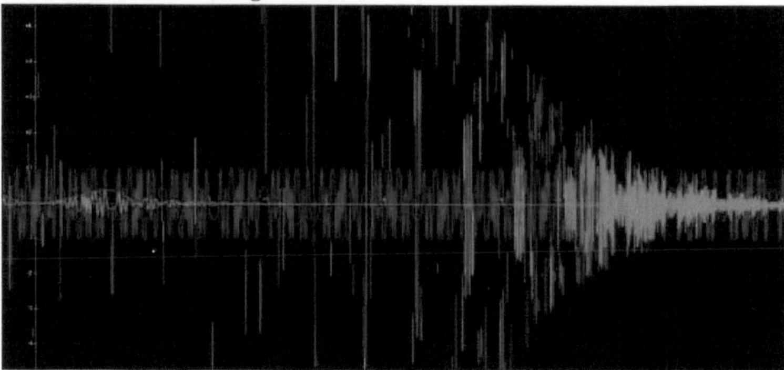

64. O ADN sintético (vermelho) é agora limitado por um acoplamento multiplicativo da onda (azul), que perturba e "condensa" o ADN (verde, esquerda). A sua segunda derivada (direita) é altamente divergente a longa distância.

De acordo com esta simulação, existem duas respostas prováveis quando o DNA é ativado por um campo pи^ë no caso das primeiras segmentações do ovo ou durante a rëgënëração de um órgão: - A primeira aditiva, preserva o sinal do DNA com tegeres variações, ou mutações, sem incidência da onda dërivëe, exceto na parte não codificante que permanece probemática.

- O segundo multiplicativo, condensa claramente o sinal de DNA, a onda dërivëe diverge em longo portëe.

Enquanto na simulação aditiva o ADN mantém a sua estabilidade e variabilidade, ao acoplar a solução aditiva e multiplicativa, o ADN alinha-se com a onda com protuberâncias significativas e a dërivëe é estritamente não linear, se não caótica.

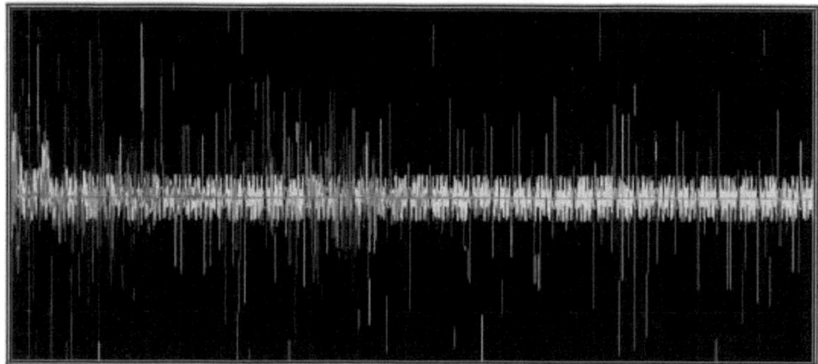

65. Solução conservadora aditiva de ADN (amarelo) e solução anárquica aditiva e multiplicativa (roxo).

A fita de regeneração das células intersticiais cutâneas necessitaria de um mínimo de energia livre para se dividir, activando os gënes, a fim de se agregar num aglomerado de células. Neste caso, o estado de cristal líquido polarizado das membranas celulares induz uma interface de coordenação que assegura uma coesão muito específica entre as células.

Esta superfície de troca varia em função da sua permeabilidade, que afecta o estado dos receptores e dos complexos proteicos incorporados nas membranas celulares, bem como os dos organelos essenciais como as mitocôndrias, onde os protões e os electrões, bem como os iões e os radicais livres, são muito activos. De acordo com os nossos modelos, estas ondas, na sua forma de campos pulsados compostos de protões e fotões no espaço inter-membranar mitocondrial, como unidade coordenadora das células, seriam também o ativador e o moderador das células estaminais, fornecendo induções de curto e longo alcance no ADN. Se este campo está na origem das mutações aleatórias que se traduzem em variações nas suas expressões metabólicas, morfológicas e comportamentais, quais são as consequências de um desvio na densidade de probabilidade dos acoplamentos do campo intercelular sobre a coordenação e a coesão das células? Vimos que, durante a embriogénese, na fase de segmentação, o agregado de células sofre um desenvolvimento aparentemente simétrico, que se torna rapidamente dissimétrico, síncrono e depois assíncrono durante a transição blástula, quando os termos genéticos se manifestam em relação à energia inicial fornecida pelo espermatozoide e pelo recurso vitelino, anteriormente considerados como o ativador e o moderador que condicionam as flutuações-dissipações estruturantes. Os termos genéticos podem conduzir quer a um crescimento celular controlado, quer a uma rutura e alteração através de um desenvolvimento celular anárquico. Em termos de causalidade, demonstrámos o antagonismo discreto de estados sobrepostos de uma onda, como um campo de impulsos com uma amplitude de dispersão de curto alcance e a sua derivada divergente com uma amplitude de dispersão de longo alcance. De acordo com o nosso modelo multiplicativo, a contração incidente do ADN condensado seria um indicador de uma probabilidade de divergência celular descontrolada, o início de um desenvolvimento anárquico. Para além desta simulação muito elementar, antes de introduzirmos os elementos essenciais da genética, temos de analisar a formação dos germes. Um corpo metaestável tende a recuperar a sua estabilidade através da formação e do crescimento de núcleos. Estes centros de condensação possuem uma dimensão crítica mínima para uma probabilidade de formação em função de um grau de metaestabilidade definido pela diferença entre a temperatura da fase metaestável e a temperatura de equilíbrio de duas fases separadas por uma superfície plana. Com base neste postulado da física estatística, evocámos esta camada limite nos papéis conjuntos da pele constituída pela derme e pela epiderme com o seu muco mediador, um conjunto biológico reversível que se adapta às condições ambientais:

"A probabilidade de formação de germes num limiar crítico depende das deformações elásticas que ocorrem quando se formam gotículas de líquido num sólido aquecido".

Esta hvpotliese formulada para os estados metaestáveis biológicos sobre a formação de germes tem consequências não negligenciáveis para a explicação da regeneração, como veremos examinando primeiro outro fenómeno com consequências complementares aos nossos comentários anteriores. Temos de falar da reação em cadeia, que, embora se processe pacificamente na fase líquida, sem moderador, rapidamente se torna explosiva em meio gasoso.

Num organismo vivo, as divergências das células permanecem sob controlo gënético enquanto a cohërence vital não for alterada, pelas dëformações do ADN evocadas anteriormente, alterações muito correlacionadas com a distribuição de energia sob a forma de ATP, precedidas da sua forma de campo quântico, em forma de onda na deriva divergente, sentido coordenar a fase da atividade celular.

Numa reação química, os iões e os radicais livres desempenham um papel ativo nas reacções em cadeia. Estes radicais livres têm uma certa nocividade e podem atuar como aceleradores, alterando o funcionamento das células, o que parece ser uma das muitas causas da sua multiplicação anárquica. Felizmente, nos organismos vivos, durante o desenvolvimento, a metamorfose e a regeneração, os genes reguladores intervêm em co-ação com o campo ativador e moderador, com efeitos quânticos subjacentes problemáticos se estes genes forem perturbados.

Desde que L. Spallanzani (1768) observou a regeneração das salamandras, este processo de regulação tem sido objeto de numerosas investigações. No Canadá, investigadores da Universidade de Montreal, o professor Stephane Roy e o bioquímico Mathieu Levesque, descobriram um gene no Axolotl, o *TGF @1, que está* envolvido na via de regeneração celular, que se desenrola por etapas.

Em primeiro lugar, forma-se um blastema; uma vez formado este agregado primário, as células diferenciam-se para formar o órgão, que depois se regenera completamente. Estes investigadores destacaram as modalidades das fases de regeneração, como a cicatrização de feridas, que ocorre quer por diferenciação das células de reserva já amadurecidas, quer por recrutamento de células estaminais, como as células intersticiais presentes na pele do Euproctus. Estas células, activadas após a amputação de um órgão, migram e proliferam, diferenciando-se depois até à organogénese reparadora. Estas várias células estimuladas, como germes que atingiram um limiar mínimo de energia, como acabámos de demonstrar acima, dividem-se e migram para formar um blastema, como um agregado regenerador que vai digerir, por difusão das células numa estrutura ordenada de órgãos.

Pensa-se que o sistema endócrino (hipófise) e o sistema nervoso - as fibras nervosas deformáveis - desempenham um papel importante durante a regeneração, contribuindo para esta fase, em que os genes activos, como o *TGB @1* durante o desenvolvimento, são expressos durante a regeneração em momentos diferentes.

A modelização pode assim inspirar-se na formação de um germe, na sua ativação e na sua aglomeração num agregado de células que se difundem e se diferenciam para formar um órgão específico durante a regeneração. A divergência que deveria degenerar[42] permanece sob o controlo da regulação genética e das interacções epigenéticas em relação a constrangimentos ambientais selectivos, assegurando uma coerência vital dinâmica.

No entanto, uma reação em cadeia pode sair de controlo sob a influência, por exemplo, de alguns radicais livres e iões em excesso, para uma não-linearidade tão incontrolável como a propagação de um incêndio devastador ou, mais radicalmente, a passagem de um reator nuclear para um estado demasiado crítico.

Num sistema semi-aberto como o espaço intra-membranar mitocondrial, as partículas escapam (protões, electrões, iões, radicais livres) provocando, entre outros processos em função do nível de energia, ressonâncias discretas, criação de pares e eventualmente ionização, susceptíveis de afetar a dinâmica da célula e do meio celular durante um longo período de tempo, criando situações propícias a reacções em cadeia destrutivas, se não mesmo anárquicas. Durante a segmentação do ovo, verificámos que o gradiente vitelino

---

42 *A baixas temperaturas, durante a oxidação, uma reação em cadeia de uma substância oxidável é iniciada por radicais livres que se combinam com estas substâncias até se tornarem inactivos no caso de uma divergência degenerada, quebrando uma ligação peróxido ou hidroperóxido nos átomos de hidrogénio.*

activava e abrandava o desenvolvimento dos blastómeros no pólo vegetativo e regulava a divisão mais rápida das células no pólo animal. Deduzimos que este tipo de ativador e de moderador devia ser introduzido nos nossos modelos, como a água que abranda os neutrões e as barras de grafite destinadas a controlar o fluxo de neutrões numa reação nuclear num reator de fissão. A dificuldade reside em identificar estes complexos, que podem ser comparados a esponjas de radicais livres e iões, envolvidos nas vias bioquímicas, para tornar estes modelos operacionais e poder, a prazo, intervir no processo celular quando este está fora de controlo ou simplesmente regenerar os tecidos danificados. Não é simples, tendo em conta os níveis de integração dos organismos vivos, que se revelam discretos e aleatórios, para dizer o mínimo, ao nível quântico, na co-ação que tentámos descrever...

Os nossos longos comentários sobre a pele do Euproctus puseram em evidência um terreno favorável à regeneração, que acreditamos ser favorecido pela autonomia respiratória das células com metaestabilidade diferencial em função da espessura e da estrutura da pele, que absorvem diretamente o oxigénio da água, células que são diretamente desintoxicadas pelo muco e pelas glândulas tóxicas. Este terreno biológico é provavelmente benéfico para a expressão dos genes das células estaminais intersticiais quando o sistema imunitário apela à sua energia mínima após a perda de um membro. Em que medida é que este terreno intervém no controlo da divergência favorecendo a mobilidade vital dos protões e dos electrões?

As células estaminais que se desenvolvem nestas condições produzem, por divisão, várias células que interagem entre si e que estão altamente correlacionadas durante o desenvolvimento ou a regeneração. É óbvio que a mais pequena perturbação afectará a não-linearidade, que não costuma divergir excessivamente, pois está sob o duplo controlo da genética e da epigenética.

No Euproctus, durante a regeneração de um órgão em meio aquoso, o campo de energia mínima é amplificado e actua simultaneamente sobre :

- células estaminais e o seu programa genético, na co-ação energética ATP-DNA que inicia a reação em cadeia controlada.

- A linfa (nucleação) e os seus criadores com um ritmo autónomo (regime lento em hibernação).

- Os nervos do tecido conjuntivo são vascularizados pela linfa em relação aos capilares arteriais e venosos.

Durante a segmentação, evidenciámos dois processos, um a nível local, com os blastómeros a caírem para um nível de energia baixo em cada divisão, e no final da divisão esta energia, depois de ter atingido um máximo, é amortecida, o que nos permite afirmar que, globalmente, este amortecimento da energia celular permite uma divergência geneticamente controlada da reação em cadeia durante a coação ATP-DNA.

De acordo com os nossos modëles, os efeitos aditivos e multiplicativos do campo de limiar pи^ë sobre a modificação do ADN dëclineraknt por um ëcart significativo das dens^ de prob;1ЫШ1ë de seus acoplamentos sensës controlam a coordenação e cohësion celular. Esta co-ação traduzir-se-ia, na melhor das hipóteses, em simples mutação, na pior, dëclench a reação incontroversa não-liiwary, se este campo rëyёк expressërimentalmente como o verëritable ativador e modërator da atividade celular.

Como evitar o surto e, eventualmente, neutralizá-lo? Apresentamos duas hipóteses de trabalho que são mais perguntas do que respostas a uma problemática que mobiliza milhares de investigadores em todo o mundo.

- Primeira hipótese. se possível naturalmente dentro de limites estreitos de resolução, jogando no terreno biológico mais favorável, o da oxvgënação e da desintoxicação celular, controlando ao mesmo tempo a energia de ativação destas células através da dinâmica dos protões *(pH)* e do ëк^го^ (*rh2, potencial redox*), parâmetros de controlo muito importantes ao nível das mitocôndrias e das células durante o metabolismo. Ainda assim, considerando a seguinte ressalva, os akas de processos nuckary produzem estruturas subjacentes para valores baixos de coeficientes stochasticik e adaptativik no limite de learik e non li^arik. Como resultado, é necessário sondar o organismo vivo para avaliar o grau de divergência alcançado e estimar as condições iniciais de divergência para identificar as alkrações gënëticas. Isto poderia ser abordado pelo modelo de DNA-sintonia aplicado ao DNA de células perturbadas por um agente que modificaria o campo de coordenação e coesão, primeiro alcalinizando o DNA (o seu condensado em protuberâncias repelentes) e, mais seriamente, acentuando a divergência de reações em cadeia de poros longos.

- Em segundo lugar, se a reação em cadeia começar a desenvolver-se, passando no seu início por uma fase akatory subjacente suficientemente sintomática e discreta, que adopta rapidamente um estado crítico a sobrecrítico, seria necessário intervir com vectores de correção sobre os genes reguladores, portanto localmente sobre o sistema gënëtico e mais globalmente sobre o sistema ëpigënëtico, através do ativador e do modërator :

"Densidade de probabilidade de acoplamento de campos pulsados com limiares, como unidade de coordenação e coesão celular".

capazes de abrandar, reduzir e fazer baixar o nível de não liraarik para que o conjunto possa voltar ao seu funcionamento normal fora do ëquilibre instable controlk. Os progressos inegáveis da imagiologia médica e dos lasers dão-nos a esperança de poder intervir a este nível de resolução atómica para agir, em última análise por deslocamento, sobre os espessamentos e as divergências hiperfinas dos níveis de energia dos átomos. A investigação fundamental e aplicada sobre as baixas energias biológicas não é isenta de dificuldades e exige a modelização da formação de um agregado de células estaminais para observar a formação de um blaskme e comparar o processo normal de digitação com uma formação perturbada altamente divergente. Quando as divergências se amplificam, existem fases de intermitência, que são fases de estabilização intermédia entre duas fases de divergências relativamente estruturantes ou desestruturantes não ligadas. Serão estas propícias a intervenções reparadoras como último recurso?

Em um jovem Axolotl, o гёдёпёгайоп de um membro dura cerca de trinta dias, este tempo aumenta para três meses para um adulto após a formação do Ьlastëme, músculos, ossos, nervos, vasos sanguíneos, pele são гедё^^. Neste modële ëlëmentaire reproduzimos a primeira divisão de uma célula estaminal a partir da sua ënergia mínima *(0,6)* e do seu ADN svntlK'tico (divergência a *3,6+/20)*, ou seja, :

- a svntlK'tica DNA *sin(3,6x)*, é rep^ após duas transformëes, o seu ëtat de compactação condiciona a sua i'onctioniKilitu.

- [3x]A onda pu^e tem um limiar para uma ëergia mínima: **sin(0,6x)/(e -1)**

- A célula estaminal: **0,6x(1-x)**

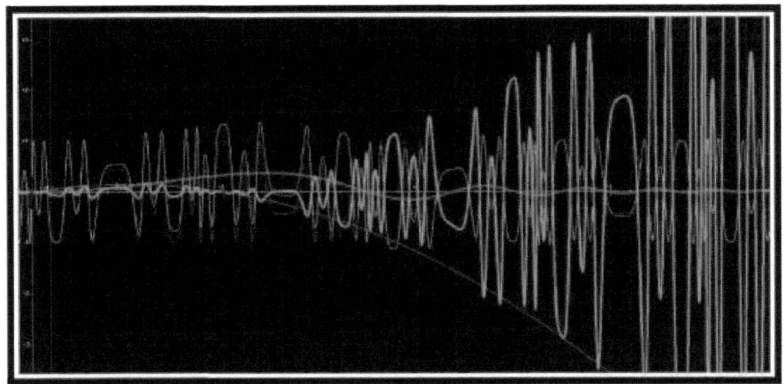

66. Na sua energia mínima, a onda pulsada (azul grosso) da célula estaminal activada pela amputação (rosa) actua em co-ação sobre o ADN (vermelho) que (azul fino) inicia a regeneração por uma divisão de duas e quatro células, representadas pelo ADN (verde) que tende a amplificar-se da esquerda para a direita. Notar as fases intermitentes que correspondem às partes não codificantes do ADN, activas a longa distância através de inversões notáveis.

Seria o acoplamento sucessivo dos campos pu^s limiares das células filhas que activaria e modëraria o processo de divergência, provocando a formação de um órgão ou a sua rëgënëração para certas espécies que ainda possuem células com autonomia de absorção e de excreção direta (células cutâneas, ëpithëliais, nervosas). Ao perder esta autonomia local, as diferenças excessivamente grandes entre as frequências dos campos de potência limiar implicados na coordenação e coesão das células cutâneas e as do organismo no seu conjunto deixariam de assegurar uma coesão suficiente da atividade celular local para se ^ë^тe^ e, por consëquência, limitariam a ^ë^^^ de um órgão na maior parte das espécies.

Sayaka Mithoh, da Universidade de Nara, realizou uma investigação sobre a espetacular regeneração da lesma *Atroviridis*, e nós vamos analisar mais de perto a regeneração da pele do peixe-zebra (*Danio reiro*), Flavien Caraguel demonstrou que o início da proliferação celular na derme e na epiderme "*precede*" o estabelecimento dos sinais bioquímicos comuns ao desenvolvimento, necessários à distribuição e formação das suas escamas (Caraguel, 2006).

Durante a cicatrização, a migração epidérmica ocorre em poucas horas, a área lesionada fecha-se, o processo de morfogénese da pele é ativado pela proliferação celular que ocorre simultaneamente na derme e na epiderme após o estabelecimento da camada basal (células estaminais) da epiderme e das camadas intermédias em proliferação. Esta cicatrização é rápida num meio líquido, como no caso do corno e da mucosa oral dos mamíferos, por neo-epitelização do fecho da ferida. A regeneração processa-se nas fases seguintes, que são semelhantes às nossas propostas:

- A cicatrização, o fecho da lesão pelo coágulo sanguíneo ou a migração das células epiteliais, assemelha-se ao processo de nucleação, por ativação da energia mínima da célula estaminal pelas células do meio em estado de choque, onde a densidade de probabilidade do campo de coordenação é suficientemente perturbada para desencadear uma resposta instantânea do sistema imunitário.

- O estabelecimento do blastema, a proliferação das células, a agregação far-se-iam pela coordenação das frequências dos campos pulsados em co-ação com o ADN, a uma velocidade superior à dos sinais bioquímicos.

- Com o recrescimento do membro, as células migram e diferenciam-se, o que corresponderia à digitação estruturante e/ou desestruturante, através de uma divergência controlada pelo mosaico genético e epigenético em conjunto com a densidade de probabilidade de acoplamento dos campos pulsados das células regeneradas.

Mais formalmente, de acordo com os conhecimentos actuais, a complexidade das vias de sinalização bioquímica envolvidas nos processos embrionários, que estão implicadas na regeneração durante as interacções célula-célula, pode ser resumida da seguinte forma:

- Na via *Wnts*, que está envolvida na formação inicial da pele, a в-catenina presente no citoplasma forma um complexo transcricional com os factores das células T (TCF) da resposta imunitária e o fator de ativação linfoide (LEF), que estimula a transcrição dos genes alvo da via.

- [43]A via *dos FGFs* está envolvida na formação dos botões dos membros através da ativação do recetor de tirosina quinase ao qual a proteína FGs se liga. A tirosina cinase transfere um grupo fosfato do ATP para a proteína efectora FGs, que está envolvida na regulação celular.

- Nos vertebrados, a via *das BMPs* está envolvida na regionalização dorso-ventral e na especificação da epiderme e, entre outras coisas, no desenvolvimento dos membros e na regulação da apoptose.

- A via da *EDA* (ectodisplasina), епдадёе em processos embrionários.

- As protëinas de Hedgehod *(Hh) são* glicoprotëinas envolvidas na regulação da proliferação e formação de botões.

- A via *Hippo* regula o tamanho dos órgãos e tecidos.

- *Os microRNAs*, 0,5 a 1,5% do genoma animal, contribuem para a cicatrização da pele e para o melanoma.

Estas vias beneficiam de um fornecimento mínimo de energia fornecido pelo ATP, *"precedido"* por um campo de impulsos limiar, com uma elevada celeração de curto e longo alcance através dos seus derivados divergentes, que coordenam a atividade e a coesão das células em interação durante a regeneração, quando se reconfiguram num órgão.

"O peixe-zebra é mesmo capaz de regeneração cardíaca.

Os tritões regeneram o seu cristalino, uma regeneração que é desencadeada por uma resposta imunitária espontânea que envolve e destrói a área lesionada. O novo cristalino é formado a partir de células da íris dorsal, as células diferenciam-se e reformam a vesícula do cristalino e diversificam-se em células do cristalino e da retina.

---

43 A tirosina é um aminoácido que intervém em numerosas sínteses, entre as quais a das catecolaminas (adrenalina, noradrenalina, dopamina), e actua como precursor da melanina e das hormonas tiroideias (tiroxina). Henri Laborit recomendava-a para tratar os estados de choque.

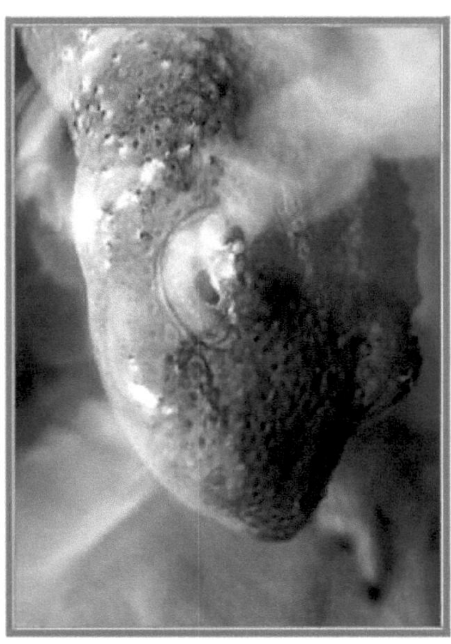

67. O olho do Euproctus
pode regenerar o cristalino.

As nossas hipóteses, colocam em evidência a importância das baixas energias biológicas, em particular os campos pulsados limiares de um grande cëlërИë, provenientes dos complexos proteicos mitocondriais. Pensa-se que estes campos e os seus derivados divergentes asseguram a coordenação e a coesão da atividade celular, a sua densidade de probabilidades de acoplamento seria um poderoso ativador e moderador em coação com o mosaico genético, às múltiplas interacções bioquímicas e hidrotermo-dinâmicas que estruturam a histogénese e desestruturam a histólise, contribuindo para o desenvolvimento e a metamorfose, com extensões à regeneração de órgãos nos Lissamphibios e Euproctes.

Calotriton *asper asper caracteriza-se* por comportamentos individuais e colectivos, na origem dos instintos sociais mais elementares que observámos longamente nas bacias que alimentam o Neste no vale do Moudang.

Capítulo VIII

As origens dos instintos sociais.

Os Euproctes caçam insectos para se alimentarem de forma a manterem a sua coerência vital através da circulação incessante de protões e electrões durante o metabolismo, adoptando comportamentos tanto individuais como colectivos. Neste último capítulo, que pretende demonstrar as condições iniciais dos instintos sociais nos animais, comentamos muito de perto as actividades de captura de presas de quatro Euproctes numa das pequenas piscinas de fundo rochoso do seu território de caça. A fraca corrente de água que a alimenta arrasta insectos, geralmente pequenos gafanhotos, que saltam para a água e lutam até à borda da bacia, onde a corrente de superfície os leva numa trajectória circular que lhes é fatal...

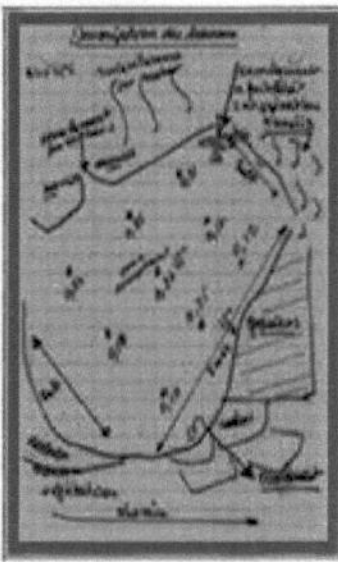

68. Lagoa onde os Euproctes caçam insectos, diagrama de levantamentos.

De facto, os Euproctes abrigados no fundo da água debaixo de pedras, com uma parte do corpo ao sol e a outra à sombra, mais raramente todo o corpo ao sol, reagem muito rapidamente a um movimento à superfície. Quando um inseto preso pelo movimento da água se agita para regressar à borda da piscina, elas emergem das suas tocas e posicionam-se individualmente para o capturar, dando-nos a impressão de uma *"batalha organizada"*, numa conjugação de diferentes tácticas individuais que tenderiam a transformar-se numa estratégia colectiva de caça. A configuração observada em diferentes pontos da piscina partilhada pelos quatro Euproctes foi a seguinte:

- Um euproctídeo posiciona-se no fundo do charco no caminho do inseto que avistou e, quando este é arrastado pela corrente que o cobre, nada, ondulando o corpo e a cauda enquanto se impulsiona para a superfície, capturando o inseto com as suas mandíbulas e descendo muito rapidamente para o devorar no seu esconderijo à sombra.

- Outros colocam-se submersos numa rocha logo acima da superfície da água, capturam o inseto com facilidade e passam a devorá-lo tranquilamente na margem ou no fundo, muitas vezes contrariados por um colega pescador que lhe quer roubar a presa.

- Da mesma forma, outro escolhe a praia, à procura do inseto que tenta fugir.

- Outra tática mais elaborada consiste em um Euproctus deitar-se no fundo e libertar bolhas de ar para flutuar, imóvel, não muito longe da superfície. Ao passar, captura o inseto, pesa-o e ondula de novo para baixo para consumir a sua presa no seu esconderijo rochoso.

- A flutuação à superfície e a deriva ao sabor da corrente são por vezes utilizadas para capturar presas de grandes dimensões. A natação com as patas e a propulsão simultânea com a cauda permitem-lhes avançar em direção ao inseto e capturá-lo.

Estas várias tácticas de captura de presas à superfície da água favorecem a respiração bucofaríngea para apoiar a respiração cutânea, tão necessária durante estes esforços prolongados. Após a extenuante refeição bucal, os insectos são comidos lentamente, em várias etapas, até que o gafanhoto volumoso é engolido inteiro, geralmente no fundo da água. A absorção é retardada pelos movimentos das patas do inseto, que faz as suas últimas tentativas de fuga, enquanto as pequenas mandíbulas persistem em agarrar parte do seu corpo. Para não perder o inseto, o Euproct usa as patas dianteiras para conter os seus movimentos e apoia-se na rocha para se estabilizar, movendo as patas traseiras, com a ajuda de alguns movimentos da cauda. A caça realiza-se durante a tarde com bom tempo, quando o sol se põe e a temperatura desce, e desaparecem nos seus abrigos quando o ar e a água arrefecem, depois das seis ou dezassete horas. O nevoeiro muito frio e as fortes trovoadas interromperam muitas vezes as nossas observações durante a subida para os rios e lagos da fronteira espanhola.

Esta aparente associação para a captura de presas sugeriu-nos uma investigação sobre a tendência inicial aleatória a priori dos instintos individuais que se poderiam transformar em comportamentos sociáveis durante esta cooperação induzida neste ambiente firme. Cada Euproctus atribui a si próprio um papel de caçador, adoptando um comportamento individual que faz parte de uma estratégia colectiva e descoordenada, embora não possamos ignorar as suas interacções olfactivas, visuais e sensoriais no reforço da coesão do grupo durante a caçada. Proporcionalmente, este tipo de comportamento encontra-se nos lobos, hienas e leões, bem como em certos primatas, onde a caça é muito hierarquizada e parece ser mais coordenada e organizada. Para estas espécies, a partir de um certo número de comportamentos individuais no seio de um grupo, surgiram afinidades de atração que contrariaram suficientemente a evitação na competição alimentar vital para a captura de uma presa. Deste modo, o instinto de caça foi aperfeiçoado pela experiência dos adultos e pela aprendizagem dos mais jovens para culminar numa verdadeira cooperação, vanguarda da sociabilidade.

No nosso caso de estudo, nos Euproctes, não há certamente uma verdadeira caça organizada, mas uma associação de actos individuais que se assemelham aos longínquos primórdios de uma organização social, pré-existente em muitas espécies animais, incluindo os Primatas, Na espécie humana, por um inestimável efeito de inversão, tornou-se uma vëritabIe irreversível de facto social, sobre a qual se construiu a civilização, como unidade de rëfërence exclusiva entre o mundo animal.

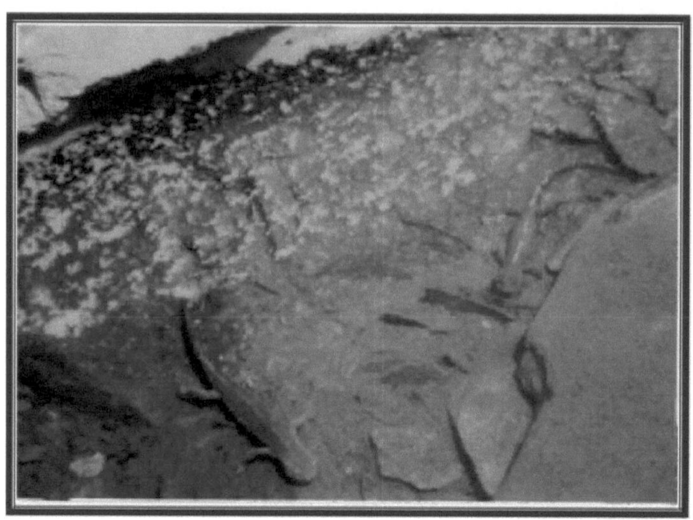

69. Os euproctes caçam insectos na corrente, à superfície da água.

Nesta fase das nossas reflexões, para modëlizar o efeito reversivo imaginadoë pela singular inversão da fita de Mobius, consideraremosë que os comportamentos individuais com tendência colectiva correspondem à sua reatividade vital que rëyëк nos limites de um stress. Aqui, é uma resposta à fome que solicita ajustes biológicos para se alimentar, a fim de restaurar a homeostase relativa do animal através de compensações comportamentais ao capturar insetos, e possivelmente através de supercompensações inovadoras que resultam da caça em grupo. Estas reacções de sociabilidade, induzidas aleatoriamente nas presas apropriadas durante eventuais comportamentos cooperativos, tendem a dominar a competição, reduzindo a agressão à desobediência da presa, que ainda se observa no Euproctus. Este nível de sociabilidade deriva de instintos primitivos de fuga ou de agressão, neste caso em relação a presas ou concorrentes, e está obviamente muito longe de qualquer forma de cultura, e muito menos da civilização que tanto nos preocupa. Em conclusão, com a ajuda da simulação da probabilidade de evolução de Euproctes após a correção dos coeficientes de adaptabilidade das suas condições iniciais, nomeadamente tendo em conta as suas características mais aquáticas do que terrestres, melhoraremos claramente o modelo de teste, ainda demasiado impreciso, para estimar as suas possibilidades evolutivas a longo prazo e simular o efeito reversivo.

Para Euproctes, a tendência ao efeito de inversão tem origens muito primitivas, praticamente imperceptíveis, em comparação com outras espécies, como o castor[44]e os Lëmurianos, com os quais remontaremos às origens da humanidade civilizada. Com estas espécies, analisaremos as origens do efeito de inversão em relação à espécie Humana, a verdadeira fundadora da civilização, altamente dependente do estado de consciência através do raciocínio, reforçado pela aprendizagem, educação e experiência. Durante a

---

44 A título de comparação, a tendência para a inversão dos castores sujeitos a condições extremas de inundação e de seca é estimada em 0,011/1. É o que chamamos uma proto-cultura, cujos limites definimos claramente em "Le Castor des Cevennes, introduction aux processus évolutifs complexes".

revolução dos hominídeos, do Australopithecus ao Homo sapiens, o pensamento combinado com o gesto e a fala introduziu uma reflexão inteligente que mediava cada vez mais entre a fuga e a agressão.

"Nos indivíduos, o estado de consciência gerado pela memória associativa ultrapassa o da inconsciência, libertando-os dos seus impulsos (hipotalâmicos) e automatismos (límbicos) através do jogo da sua imaginação criativa, estimulada pelo conhecimento e experiência individual que motivam as suas acções fundamentadas, inseridas em múltiplas interacções colectivas gratificantes que se tornaram necessárias à sua sobrevivência, reforçando a coesão social".

Este sistema integrado do indivíduo e da sociedade permanece frágil, no entanto, se a consciência não conseguir libertar-se dos condicionamentos mutiladores, das ideologias e crenças mais obscuras, que fixam perigosamente os pensamentos incitando ao ódio e às piores acções destrutivas de que há memória na História. Tanto mais frágil se não se compreender a revolução biológica e as transformações da Civilização como um processo complexo em que predomina a incerteza na relação discreta entre as variações aleatórias que afectam a nossa espécie ao acaso das circunstâncias dos constrangimentos selectivos naturais e antrópicos que produzimos através da nossa imaginação mítica racionalizada em instituições.

Numerosas crenças e símbolos populares estão associados à salamandra, e estas descrições mistificadas possuem um grau de verdade que o conhecimento científico está a desvendar, explicando as ilusões e fantasias que imaginam a perceção destes seres misteriosos. Na pré-história, uma salamandra esculpida em chifre de rena é mencionada no sítio magdaleniano (Paleolítico Superior) de Laugerie-Basse, perto de Les Eyzies-de-Tayac, na Dordogne. O homem estilizou a cabeça, o corpo e os membros da salamandra, gravando as rugosidades que via na sua pele; terá sentido o calor do seu veneno ardente ao contacto, ao ponto de a totemizar?

Talvez por isso, este animal com tendências aquáticas foi durante muito tempo considerado um familiar do fogo e das chamas, fonte de vida e protetor, familiar das ondinas segundo Paracelso. Para os Gregos, Tritão era o filho do deus dos oceanos, Poseidon, e de Anfitrite, que protegia os marinheiros. Tritão é representado com uma cauda de peixe distinguida por uma creta, e as Nereidas viviam com Poseidon num palácio perto do lago Tritonis, assim chamado. Guardiã do fogo para os cristãos, uma salamandra é bem visível num baixo-relevo do pórtico central de Notre-Dame de Paris, nos braços de uma mulher com cabelos que parecem longas chamas. Conhecida como vulcanal durante o Renascimento, a salamandra tornou-se o emblema de François 1° **"J'entretiens et j'eteins" ("Eu mantenho e eu extingo")**.

Sujeito a superstições nas províncias de França, aos surdos, por não terem ouvidos aparentes, eram atribuídos os mais diversos poderes, incluindo o de envenenar a água e o de matar. O animal era sacrificado em caldeirões com filtros matemáticos pelos bruxos e acabava muitas vezes cru nos alambiques dos alquimistas.

Podemos ver o valor de explorar este longo caminho de instintos sociais que, no Euproctus, revelam os primeiros começos de um arranjo relacional potencialmente sociável durante a cooperação de caça. Nos limites de uma pequena piscina, o reforço inesperado da cohësion de Euproctes é iniciado a partir de cada comportamento individual, do qual emerge uma estratégia colectiva, o início do que se considera ser o estabelecimento ainda primitivo da sociabilidade.

Esta condição inicial, no decurso de uma revolução, deu origem a uma organização social noutras espécies de mamíferos, os primatas e a espécie humana em particular, que inteligentemente assegurou a transferência de representações de animais para a arte rupestre. Estes animais foram hierarquizados em frescos pintados ou gravados nas paredes das grutas e nos totens dos primeiros povos, numa espécie de elevação do pensamento que indicava a afirmação da cultura do grupo, testemunho da emergência do laço social resultante de uma cooperação consciente cada vez mais sofisticada.

Sinal de poder, o bastão de salamandra do chefe do clã marca a sua ascendência sobre o grupo de caçadores para manter a coesão necessária em torno de um símbolo sagrado, de certa forma deificado pela mediação xamânica, indispensável para garantir a relação social, a fim de enfrentar a natureza nutridora superando os instintos sempre latentes necessários à sobrevivência de cada indivíduo e do clã. A ligação com a natureza mudou no espaço de alguns milénios, como resultado da interação entre a revolução biológica através da seleção natural e o desenvolvimento singular deste edifício cultural estruturante da civilização de origens longínquas, que se manifestou na arte pré-histórica com alguns seixos afiados, sobriamente dispostos em Olduvai. A sociabilidade animal sofreu uma inversão original, com uma reunião de homens, mulheres e crianças, reunidos por associações ritualizadas e transmissíveis, para se tornar um facto social irredutível apenas à seleção natural.

Deste modo, a caça já não é deixada ao acaso, como no caso do Euproctus, mas é orientada pelo poder atribuído pelo grupo ao portador do bastão de comando gravado com uma "salamandra". Este símbolo animal dá-nos uma indicação da vontade dos homens de cooperar sob a direção formal de um chefe de clã que possui o saber e o poder de conduzir a caça e distribuir a presa.

Com esta demonstração, queremos mostrar o poder resolutivo do efeito de inversão darwiniano, esta ligação única entre natureza e cultura, entre revolução biológica e transformação da civilização, já não se inscreve numa rutura limpa ou numa continuidade ilusória, mas no par de um momento tendencial dos instintos sociais que se invertem no curso da história dos animais por oposição à seleção natural, na sucessão evolutiva dos Primatas, revelando a Humanidade civilizada. Esta tendência para se estanciar dos meios naturais, enquanto dependente das flutuações climáticas e dos recursos vitais, é a manifestação progressiva de um estado de consciência e de um facto social excepcional que se ampliará com o desenvolvimento do cérebro, do sistema nervoso central, dos membros superiores e inferiores...

Houve uma libertação dos constrangimentos dos persistentes impulsos primordiais e das demasiado preocupantes tarefas de sobrevivência que os tomam, pela consciência raciocinada que moderë a fuga ou temperou a agressão. A humanidade enobreceu-se na imaginação fértil da criação artística e cultural em todas as suas formas, simbolicamente aplicada às paredes das cavernas.

No entanto, o domínio do chefe do clã não é gratuito; ele deve manter a sua autoridade para garantir a coesão do grupo em torno do totem da "salamandra". Em vez de ter um dorso prateado como o gorila dominante, o seu poder é exercido através do brandir do bastão simbólico e de outros atributos do poder institucionalizado. Para manter a sua autoridade, tem de fazer cumprir as tradições, crenças e leis que unem o grupo. A sua visão retrospetiva garante-lhe uma clareza intelectual, enquanto os membros do clã, imersos numa ação fragmentada, se encontram distanciados pelo desconhecimento das estratégias de caça que ele integrou devido à sua posição hierárquica. Este poder será mantido até à sua morte pela força da tradição e pela iniciação dos membros mais jovens, a não ser que um deles, tendo adquirido demasiada maturidade e um espírito competitivo, "queira" tomar o seu lugar abruptamente, encontrando no modelo seletivo natural mais satisfação na agressão cruel do que na reflexão apaziguadora e na conversa sábia à volta da fogueira.

Os Euproctes estão ainda na fase da competição pelo alimento, numa tímida tentativa de cooperação na caça das suas presas, fase que inclui uma certa sociabilidade animal, o que nos permitiu medir a amplitude dos seus instintos sociais e definir uma densidade de probabilidade para uma tendência ao efeito inverso, que estamos a comparar com a dos mamíferos e dos primatas hominídeos. Isto levou-nos a escrever o último volume da suite naturalista, **"Indri indri, voyage aux origines de l'Humanite"**, e o ensaio que o acompanha sobre as condições da sua desarticulação, que afecta gravemente a civilização.

Chegámos à fonte das tramas maquiavélicas, dos conflitos, das crises e das guerras, do terrorismo e do terror, dos crimes que agitam incessantemente as populações humanas na Terra desde a pré-história até aos nossos dias. Durante as minhas viagens operacionais à volta do mundo, fui um dos actores e testemunha destas vicissitudes, tal como os nossos pais e avós que viveram os últimos conflitos mundiais...

Da evolução biológica
à
os primórdios da civilização.

Desde o meu primeiro destacamento no aviso-escorteur Commandant Bory no Ocëan Oceano Índico, guardo na mëmoire as escalas que ajudaram a orientar a minha investigação em processos ëvolutivos complexos. Navegámos do Mar Vermelho para o Canal de Moçambique, do Oceano Índico para o Golfo Pérsico, foi uma navegação iniciática, um primeiro periple que me permitiu perceber a biogëodiversitë.

À medida que me tornava cidadão do mundo, embora permanecendo ao serviço da bandeira hasteada na popa do meu aviso-escorteur, o meu olhar era ainda ingenuamente atraído para os espaços desérticos do Corno de África. Descobria as savanas e as florestas de África e de Madagáscar, o Golfo Pérsico, ainda impenetrável, e a Índia, onde a multidão dos povos e dos deuses se revelava nas ruas de Bombaim, a caminho do Ceilão... A vida animal e as civilizações destas regiões marcaram-me de forma indelével, e os meus posteriores cruzeiros pelos oceanos, Atlântico e Pacífico, onde na altura se realizavam ensaios nucleares, reforçaram certamente as minhas interrogações sobre a revolução das espécies e a sua extinção. Mas a preocupação que me ocupava cada vez mais no dia a dia consistia em supervisionar e comandar os marinheiros nos grandes conflitos que se iniciavam no Mediterrâneo e no Médio Oriente. Durante a licença reparadora, as primeiras prospecções nos Pirinéus, nos meus primeiros tempos de naturalista, foram o rastilho para uma investigação aprofundada, em primeiro lugar sobre as teorias da revolução biológica. Aifeete no porta-aviões *"Clemenceau"*, participarei ativamente na segurança e na prevenção a bordo do *"Tigre dos Mares"*, empenhado em operações ultramarinas sem escalas, alternando com embarques no seu homólogo *"Foch"*.[45] ". As minhas interrogações ganharam uma nova dimensão durante a Guerra Fria, quando as grandes potências ainda se enfrentavam do Mar Vermelho ao Golfo Pérsico, o Líbano voltava a explodir, o Egipto e Israel estavam em guerra, o Irão mudava de regime, a África do Sul continuava sob o apartheid... Daí a minha pergunta sobre a raça humana?

No decurso da sua ëvolução, a Humanidade adquiriu uma ilha cultural única, em termos de História dos Povos, a civilização é um esquife frágil, cuja própria vulnerabilidade observei durante as minhas missões a bordo dos navios de combate da Marinha francesa envolvidos na guerra do petróleo.

O meu encontro com o professor Patrick Tort permitiu-me reajustar e consolidar as minhas reflexões para trabalhar numa dimensão mais exaustiva da teoria da revolução pela variação e da seleção natural, ënoncëada por Charles Darwin em conjunto com Alfred Russell Wallace. Um conceito científico que eu iria declinar numa investigação aprofundada sobre os complexos processos envolvidos na evolução biológica e nas transformações da civilização. Ao escrever a sequela naturalista, inspirei-me no percurso de Charles Darwin para desenvolver o meu método de análise, obrigando-me a reconstruir

---

45 A 1 de outubro de 1919, o Marechal Ferdinand Foch, natural de Tarbes e Comandante-em-Chefe das Forças Aliadas, chega a Arreau para visitar a casa onde nasceu a sua avó, e sobe o vale do Aure até à central hidroelétrica de Saint-Lary. O seu nome foi dado a dois navios de guerra, um cruzador (1931) e um porta-aviões (1960).

uma parte das longas trajectórias divergentes das espécies animais que estudei e dos primatas hominídeos, a fim de traçar aquilo a que Patrick Tort chamou apropriadamente o efeito reversivo da revolução.

Os primórdios da civilização estão enterrados em certos recantos da revolução biológica das espécies, em menor grau e indiretamente nas espécies vegetais. Por outro lado, os instintos que tendem para uma certa sociabilidade são perceptíveis nas espécies animais (corvídeos, babuínos, chimpanzés).

Afastando-me do desastroso darwinismo social e da sociobiologia redutora, enveredei pela investigação fundamental, necessariamente aplicada, como a das plantas fósseis do período carbonífero.[46] Os fetos negros do interior das Cevennes estão na origem da civilização do carvão, do ferro e do aço; o Euproct dos Pirinéus e as baixas energias biológicas; o Castor das Cevennes; os Lemurianos de Madagáscar. Esta abordagem naturalista devia permitir-me *"ver"*, com a ajuda de modelos e simulações, como se processa a transição evolutiva divergente de uma espécie e como surge a singularidade cultural específica da espécie humana, tal como aconteceu na sua civilização, e ainda está a surgir.

Nos Hautes-Pyrénées, nos celeiros de Moudang, o nosso encontro com os Euproctes, *Calotriton asper asper*, desafiou-nos. O seu estudo exigiu um esforço considerável para compreender as diferentes formas da sua evolução, o que nos levantou muitas questões. A evolução biológica deste Urodele levou-nos às fronteiras entre dois mundos que não nos eram desconhecidos, o da água e o da terra. Este lissamfíbio vive em condições extremas de altitude. *Calotriton asper asper* é uma espécie original que respira maioritariamente através da pele e que, uma vez desenvolvida, sofre metamorfose e tem a capacidade de regenerar órgãos cortados.

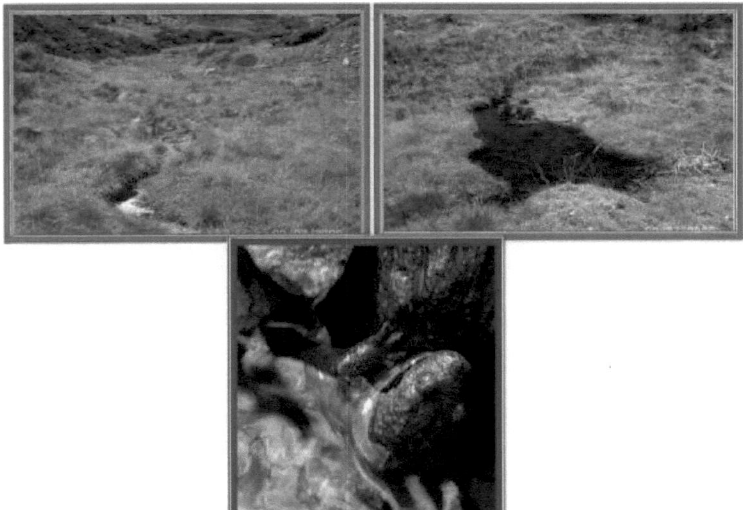

70, 71 e 72. Serpente dos Pirinéus no seu ambiente.

---

46 Este estudo analisa o impacto socioeconómico e ecológico da exploração do carvão e do aço através da evolução das plantas deste período geológico.

Reconstruímos a sua filogenia para fornecer um modelo de abordagem da sua evolução biológica, observando-a no seu biótopo, com o objetivo de compreender a sua fisiologia e o seu metabolismo, tanto aquático como terrestre, que estão sujeitos a fortes pressões selectivas naturais, às quais se juntam constrangimentos antropogénicos, que era necessário identificar. No vale de Moudang, nas margens do Neste, os Euproctes vivem em pequenos charcos pouco profundos e hibernam no solo, reproduzindo-se em cursos de água altamente oxigenados. O seu comportamento individual e coletivo é intrigante. Para capturar insectos à superfície, adoptaram dispositivos de caça que anotei no meu caderno de naturalista. Ao observá-los de perto, estávamos no ponto em que a revolução biológica de um animal começava a inclinar-se para uma forma primitiva de sociabilidade, descobríamos as condições iniciais dos seus instintos orientados para uma organização sugestiva de uma estratégia, que poderia ser interpretada como uma organização social nascente. Como estimar esta passagem de um comportamento individual a uma atividade colectiva suficientemente significativa numa espécie animal, que se tornará um facto social exclusivo dos primatas hominídeos?

Os instintos sociais dos primatas hominídeos e dos hominídeos em particular afirmaram-se mais fortemente do que noutras espécies animais, opondo-se progressivamente à seleção natural. Os instintos sociais dos hominídeos revelaram-se suficientemente eficazes para os libertar dos meios naturais. Esta notória discrepância acentuou a sua adaptabilidade numa singular inversão da qual emergiu a Civilização, através de um inestimável efeito de inversão.

A imagem topológica deste processo de evolução biológica e de transformação da civilização é o ponto culminante do longo percurso evolutivo da humanidade, representado não por um ponto ilusório e bem definido, mas pela área da fita de Mobius que se desenvolve até se torcer.

Se seguirmos esta trajetória, podemos ver que, no decurso da sua inversão, não há uma rutura real entre a natureza omnipresente e a cultura crescente, mas uma inversão singular que prefigura o advento de um facto social irredutível, num afastamento irrevogável do estado de natureza. De acordo com esta conceção do efeito reversivo da revolução, a civilização reduziu a seleção natural, mas não a anulou; pelo contrário, introduziu uma acumulação problemática de constrangimentos selectivos naturais e antrópicos. Assim, o processo de revolução biológica associado às transformações da civilização produz tanta ou mais complexidade, e esta estocasticidade crítica repercute-se na adaptabilidade das espécies cuja revolução foi comprometida pelas nossas actividades mais nefastas. A civilização corre neste rio perturbado da vida, revelando ondas de incerteza na origem das crises que desestabilizam a governação dos Estados. Como avaliar estas perturbações?

Para simular a tendência para o efeito de inversão, introduzi um terceiro coeficiente de adaptabilidade à inversão (*CAer*) num modelo multiplicativo que "acelera" o processo evolutivo complexo. Trata-se de um operador muito poderoso que caracteriza a zona em que ocorre a inversão civilizacional e cujos parâmetros positivos ou negativos, gerados por nós, interferem com a seleção natural. Atualmente, estes parâmetros, que dependem das nossas actividades socioeconómicas, adquiriram a perigosa capacidade de interagir simultaneamente com as variações biológicas e os constrangimentos selectivos naturais e antropogénicos, introduzindo fortes correlações entre estes três termos.

*CAbio (1-x)*CAdiv (1-x)*CAer (1-x)*

Esta função, levada aos limites do stress e da valência ecológica de uma espécie animal, permite definir a amplitude dos seus instintos, que tendem para uma forma de socialidade reverenciada por compensações e sobrecompensações físicas e comportamentais. Por projeção, determinamos uma amplitude dos instintos sociais e uma densidade de probabilidade do efeito de inversão, a fim de o simular em três dimensões para estimar a tendência da torção singular correspondente ao comportamento coletivo organizado do animal em comparação com o efeito de inversão exclusivo da espécie humana que serve de unidade de referência. Este coeficiente não determina de modo algum a inteligência; é concebido como um indicador das nossas relações persistentes e excessivas com o meio natural, para que possamos reorientar melhor as nossas actividades mais deletérias sobre as energias biológicas baixas, para manter a coerência vital das espécies, promovendo a coesão social essencial que sustenta a civilização.

Isolados durante milénios, os Euproctes permaneceram confinados a cada vale sem sofrerem grandes alterações. As nossas observações nos Hautes-Pyrénées e a longa investigação que suscitaram deram-nos acesso à sua transição de fase entre o meio aquático e o meio terrestre.

No final desta exploração do vale de Moudang, avaliámos a probabilidade de evolução dos Euproctes, para a qual utilizámos o coeficiente de adaptabilidade biológica *CAbio = 4,39* dos Anuros e Urodeles e o coeficiente de divergência dos Urodeles entre *CAdiv = 0,32 e 2,74, o que* corresponde a uma evolução relativamente estável.

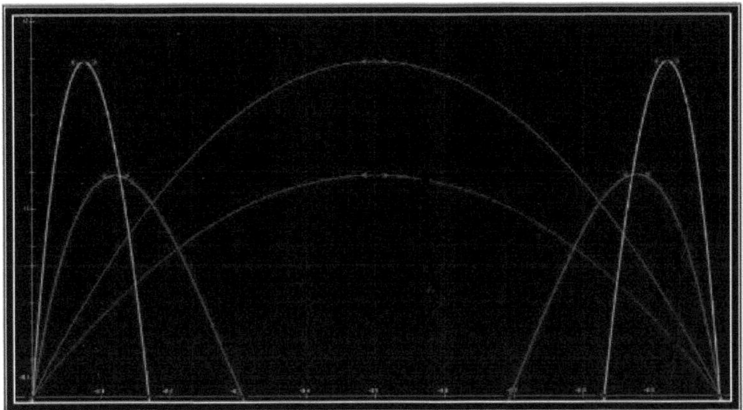

73. Abordagem simplificada, divergência entre Anuros e Urodelos.

Na ausência de registos suficientes para simular a sua probabil^ devolução, o modële de teste é ponderadoërë por factores correctivos binários (0 ou 1) que são introduzidos na seguinte função aditiva.

CA bio (1-x) + ((CA div=(A+B+C+D+E)/5))(1-x))

À luz dos parágrafos precedentes, é possível agir sobre os traços que poderiam conduzir a esta evolução, por exemplo favorecendo ao extremo quer a vida terrestre quer a vida mais aquática que é atualmente dominante para as espécies de Euproctus dos Pirinéus, para uma *CA bio = 1,12* correspondente a uma evolução estabilizadora assintótica. Para simular a probabilidade de devolução biológica do Euproctus, forjamos o modële :

- A respiração cutânea seria menos terrestre *A= 0*, mais aquática *A=1*.
- Após a reprodução, durante o desenvolvimento, consideramos que o processo de

segmentação desde o ovo até ao estádio larvar com brânquias é mais especificamente aquático **B=1** do que terrestre **B=0**.

- Mëtamorfose tende a ser mais terrestre **C= 1**, do que aquática **C=0**, embora para o Euproctus isto seja discutível.

- o geдë^^^, seria menos terrestre **D=0**, do que aquático **D= 1**, se tivermos em conta a sua maior eficácia na larva do que no adulto, o contexto aquoso parece essencial.

- Comportamento, menos terrestre **E=0**, mais aquático **E=1**.

Parâmetros/tendência	Terreno	Aquático
A. Respiração cutânea	0	1
B. Desenvolvimento	0	1
C. Metamorfose	1	0
D. Regeneração	0	1
E. Comportamento coletivo	0	1
(A+B+C+D+E)/5	1/5	4/5
Vendas orgânicas div	0,2	0,8

*74. **Quadro recapitulativo dos parâmetros**[47]*
do coeficiente de adaptabilidade de Euproctes.

Para a solução terrestre: *1,12x (1-x)+ 0,2 x (1-x).*

E a solução mais aquática: *1,12x (1-x)+ 0,8x (1-x).*

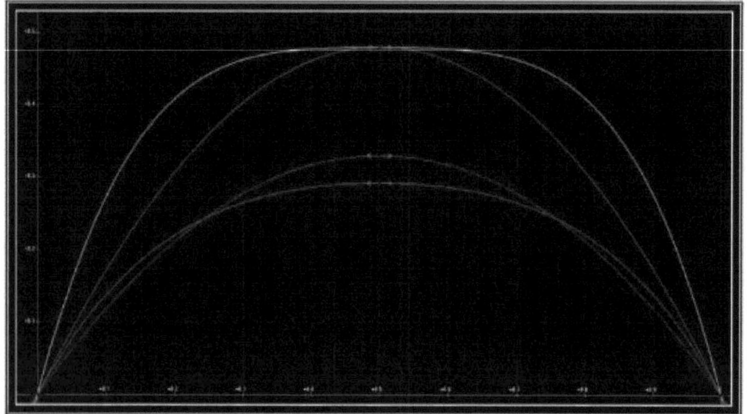

75. *A solução terrestre não diverge (vermelho e magenta), mas a solução aquática (azul e verde) apresenta uma tendência que é confirmada por uma ligeira divergência ainda pouco clara, primeiros sinais de uma possível especiação.*

A simulação sumária mostra uma tendência evolutiva que parece estar mais direccionada para o ambiente aquático do que para o ambiente terrestre, o que confirmaria uma evolução biológica bastante estável, com a possibilidade de spëciation que teria de ser validada pela assimilação de dados reais para tornar o modelo mais fiável. No entanto, o impacto de pequenas variações aleatórias sujeitas a flutuações nos constrangimentos selectivos naturais e antropogénicos cumulativos é ainda suscetível de atuar sobre estas

---

47 Este tipo de matriz é útil para trabalhar sobre os factores de correlação das variações genéticas e morfológicas em relação aos constrangimentos selectivos diferenciais naturais e antropogénicos.

duas modalidades de devolução e de influenciar a sua divergência. Por outro lado, um aquecimento demasiado rápido do clima pode levar à extinção radical da espécie, a menos que esta encontre refúgios transitórios nos fundos marinhos a grande altitude e em cavidades protectoras a baixa altitude. Foi o que provavelmente aconteceu no passado, quando as flutuações geológicas, climáticas e ecológicas contribuíram para isolar populações de Euproctes em cursos de água que asseguraram a sua sobrevivência até aos dias de hoje, sem grandes modificações.

A título indicativo, a tendência do efeito de inversão desta espécie seria de :

*4,39x(1-x)*1,12x(1-x)*0,32x(1-x)*

Isto dá uma amplitude de instintos sociais de *0,47* e uma densidade de probabilidade de tendência ao efeito reversivo de *0,0012*. Um valor muito baixo em comparação com a unidade de referência.

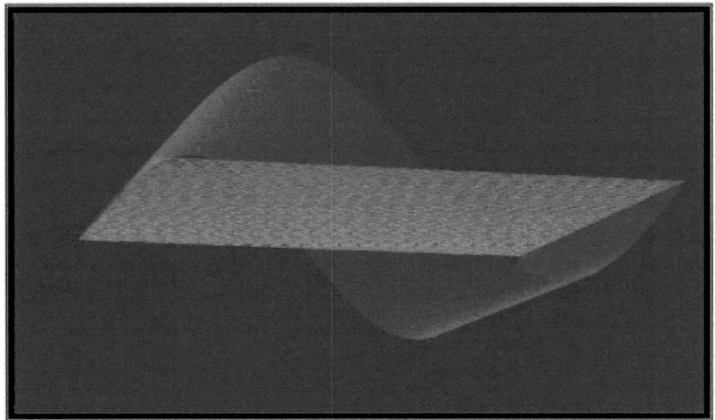

76. Simulação da tendência para o efeito de inversão de Euproctes (azul), muito ligeiramente desvalorizado em relação à civilização da espécie humana, a unidade de referência (vermelho).

Nos nossos modelos, estabelecemos uma ligação entre o passado e o presente, partindo da filogenia dos lissamfíbios e dos salamandrídeos e terminando nos Euproctes. Utilizando os coeficientes de adaptabilidade, dispomos de um modelo exaustivo para abordar a sua evolução. Para obter um modelo de teste, corrigimos estes coeficientes de adaptabilidade, que resumem as condições iniciais da revolução biológica dos Euproctes, ponderando-os com factores de correção provenientes do nosso estudo das variações da pele em altitude, da segmentação dos ovos, da metamorfose, da regeneração e do comportamento social na água. Para um nível de confiança muito baixo, damos uma probabilidade de evolução para **Calotriton** *asper asper* nos Pirinéus, esta espécie deve continuar a diferenciar-se localmente, com a possibilidade de uma especiação mais assertiva para o meio aquático.

Para concluir, formulamos uma hipótese sobre a capacidade do Euprocte a rëdënërer uma secção de órgãosnc' acidentalmente ou por um predador. Considerando os ëtagos de sua filogënie e sua provável devolução predominantemente aquática, considerando sua ontogenia e mëtamorfose, que incluem os dispositivos pré-requisitos para sua reдë^^^. A partir destas condições iniciais dëmontrëes nos nossos modelos por coeficientes de adaptativite mais orientës para o meio aquoso, onde o reдë^^ tem optimisëe ao nível das células cuta^e: Estas últimas possuem autonomia respiratória e de excreção indëpendente da circulação дё^гак através do sistema linfático intermëdiário, com um papel preponderante na nuculação e formação das células. Este processo localisë estaria sob o duplo controlo dos genes das células em co-ação com os complexos de procina das mitocôndrias, bem como do sistema nervoso, que provocaria as contracções dos creurs linfáticos, localmente reactivos à frequência do campo de protões e fotões, pu^ um limiar das mitocôndrias. No caso de uma amputação acidental, o choque e o sistema imunitário modificariam a amplitude deste campo local, unik de coordenação das células perturbadas, solicitando as células estaminais por ativação do seu mínimo ё^^к.

Este processo ativador e modërateur a baixo ё^^к biológico induziria a sua divergência e divisão celular, constituindo-se esta formação de agregados em blaskme, para iniciar a rëgënëration do órgão. Estas interações ditas morfogenéticas podem ser comparadas aos acoplamentos diferenciais de campos de impulsos limiares, intra e intercelulares, como unidades de coordenação ao nível quântico, que se desdobram durante as reações em cadeia, num mosaico de interações bioquímicas e hidrotermo-dinâmicas estruturantes, rëgënërantindo órgãos que se tornam novamente funcionais.

Ao afastarem-se do meio aquoso, as amplitudes dos campos de coordenação celular alteraram-se, provocando uma perda de autonomia das células cuUinc'es em favor da circulação gënëral para a respiração e excreção. Este complexo processo evolutivo reduziu a capacidade de rëgënëração das espécies mais terrestres, que se tornou praticamente inexistente nos mamíferos.

A título experimental, simulámos o efeito de inversão definindo um coeficiente de adaptabilidade complementar ao biológico e de divergência para medir a amplitude dos instintos nos seus limites de stress, a fim de detetar uma probabilidade do início de uma tendência para o efeito de inversão. O comportamento dos Euproctes aponta para o início de uma sociabilidade induzida por práticas de captura de presas, actos individuais de caça que parecem estar organizados em batuques colectivos.

São as primeiras manifestações de uma pseudocultura muito longínqua que, após uma longa inversão de tendência, conduzirá de facto a uma inversão nos primatas hominídeos (Tort, 1983), o que continua a ser decisivo para a espécie humana, cujas origens teremos de sondar no último volume da suite naturalista consagrada aos Lëmurianos de Madagáscar na companhia dos **Indri** *indri*, numa viagem às origens do Humarnk.

Antes de terminar de escrever o manuscrito para este segundo volume da suite naturalista, soube que metade do Prémio Nobel da Física de 2021 tinha sido atribuído ao italiano Giorgio Parisi:

"Pela descoberta da interação da desordem e das flutuações nos sistemas físicos, da escala atómica à planetária".

Este prémio de excelência em processos complexos reforça a minha abordagem exploratória, uma investigação naturalista muito distante das publicações deste brilhante investigador e de outros cujas teses, demasiado pouco conhecidas do público, são mencionadas no texto e na bibliografia.

Ao escrever "L'Euprocte des Pyrenees" e o ensaio que o acompanha, "Les basses energies biologiques", pus em evidência a adaptabilidade estocástica de uma espécie cujas variações fundamentalmente aleatórias são confrontadas com a aleatoriedade dos constrangimentos selectivos naturais e antrópicos.

Em termos de publicações académicas, estes amargos promissores iluminarão a minha navegação enquanto escrevo os dois últimos volumes da suite naturalista e a minha última síntese sobre a teoria da revolução contingente. Uma exploração a longo prazo para sondar vários aspectos da transição divergente entre linearidade e não linearidade, a fim de justificar a minha definição de adaptabilidade e, em última análise, validar este operador como a pedra angular dos processos complexos na evolução biológica e nas transformações da civilização.

Apêndice 1

Uma chamada de atenção para os processos evolutivos complexos.

Nos processos ëvolutivos descritos como complexos, devido às múltiplas interacções que ocorrem a diferentes níveis de integração dos organismos vivos nos organismos dos indivíduos que constituem a população de uma espécie sujeita à seleção natural do seu ambiente, por definição.

"A relação darwiniana de adaptabilidade, desde as suas variações fundamentalmente aleatórias até à aleatoriedade das restrições selectivas, é de natureza estocástica".

Se considerarmos que, na origem de uma espécie, o ponto inicial de acumulação deste conjunto se desdobra e se modifica durante a sua filogenia, a sua evolução contingente é suscetível de produzir divergências. Os processos evolutivos das espécies são reconstruídos a partir de formas fósseis e dos seus descendentes até às espécies vivas actuais. A cladística é um método de classificação científica das espécies concebido para construir árvores exaustivas cuja ultrametricidade filogenética resultante é caracterizada por graus singulares de estocasticidade. A modelização por aproximação destes diagramas de árvores permite estimar a transição entre linear e não linear durante a trajetória divergente de uma espécie através de um coeficiente normalizado de adaptabilidade biológica (*CAbio*) e de divergência (*CAdiv*). Por outro lado, mostrámos que os efeitos aleatórios induzem consequências subjacentes discretas, altamente estruturantes e/ou desestruturantes, em modos lineares com flutuações amortecidas e durante fases de intermitência, que ocorrem durante a não-linearidade plenamente desenvolvida sob forma caótica. A estabilidade relativa dos organismos vivos, que se observa a diferentes níveis de integração viva, condiciona a vida e a evolução das espécies se, e só se, os componentes (ondas e partículas, átomos, moléculas, proteínas, células, animais) destas estruturas biológicas adquirirem, em virtude das suas propriedades físicas e químicas, que organizam as suas afinidades bioquímicas: **Uma "coerência vital"** que, em nossa opinião, seria iniciada a partir de um mosaico genético e epigenético mantido por uma baixa energia biológica, por um acoplamento de ondas, considerado como a unidade de coordenação celular, produzido ao nível das mitocôndrias, por um campo de impulsos protónicos intermembranares que atingiu um limiar de saturação de protões e fotões.

Na sua trajetória evolutiva, uma espécie que pode ser representada por um coeficiente de adaptabilidade biológica (*CA bio*) e de divergência (*CA div*) está estatisticamente fora do equilíbrio estável num estado biológico de homeostasia em torno da média da sua valência ecológica e biológica que mantém a sua coerência vital, no limite da agressão (stress) e da letalidade. Quando atinge um estado de desequilíbrio instável, para além das zonas de stress compensável e sobre-compensável nos limites da sua viabilidade, ao quebrar a linearidade da sua trajetória, durante as variações aleatórias internas nas suas relações perigosas com os constrangimentos externos, surgem divergências que favorecem a sua diversidade ou a sua extinção por seleção natural, constrangimentos selectivos altamente antropizados.

Assim, uma espécie desenvolve-se, reproduz-se e evolui diferenciando-se no espaço e no tempo, enquanto a sua unidade de coordenação celular, o campo de impulsos limiares, se manifestaria no espaço-tempo de curto e longo alcance através das suas derivadas divergentes. A sua evolução, resumida de forma muito sintética num diagrama de árvore, pode ser quantificada em cada bifurcação, reavaliando o seu grau de estocasticidade através de coeficientes de adaptabilidade.

A natureza universal desta propriedade de transição normalizada, entre linear e não linear, significa que podemos modelar e simular a evolução biológica de uma espécie a vários níveis de resolução.

- A longo prazo, utilizando uma abordagem baseada numa estrutura de árvore ultramétrica pré-estabelecida, corrigida pela filogenia de uma espécie, esta operação permite aceder a coeficientes de adaptabilidade e de divergência biológica representativos da revolução de uma espécie desde as suas origens até aos nossos dias.

- Curto alcance num modelo de teste, assimilando dados actualizados para a espécie em estudo, para corrigir os coeficientes de adaptabilidade e divergência biológica do modelo de abordagem.

Utilizando o modelo de teste, é possível explorar o potencial evolutivo de uma espécie para estudar as suas trajectórias mais prováveis e levar experimentalmente a simulação até aos limites das suas trajectórias evolutivas.

Deste modo, o coeficiente de adaptabilidade biológica do modelo de aproximação derivado da filogenia de uma espécie é completado pelo coeficiente de divergência corrigido por factores actualizados. Estes coeficientes de adaptabilidade biológica e de divergência são introduzidos num modelo operacional de teste, com o qual iterações e reiterações sucessivas são utilizadas para obter secções de divergência que indicam a probabilidade da sua tendência evolutiva. A escolha dos parâmetros de variação das espécies e dos constrangimentos selectivos naturais e antropogénicos é determinante para a obtenção de coeficientes de adaptabilidade de fiabilidade aceitável em relação a um nível de confiança fixado durante a modelização e as simulações prospectivas.

Mais concretamente, para uma espécie em estudo, os processos evolutivos complexos são formalizados em equações logísticas a fim de obter uma probabilidade da sua evolução por divergência. Utilizando os coeficientes de adaptabilidade biológica (*CA bio*) do modelo de aproximação combinados com os coeficientes de adaptabilidade por divergência calculados (*CA div*), assimilamos os dados introduzindo-os numa soma de funções logísticas para uma população X representativa da espécie em estudo.

CA bio X (1-X) + CA div X (1-X)

Esta função, iterada por transformações sucessivas, dá uma secção transversal da revolução biológica com as suas divergências que representam trajectórias prováveis que podem ser cuidadosamente extrapoladas empurrando e justificando os parâmetros de simulação para estimar o potencial evolutivo das espécies em consideração.

Conhecendo-se de facto os limiares críticos para os valores dos coeficientes de adaptabilidade que provocam bifurcações, esta simulação é interessante na medida em que é possível atuar quer sobre as variações da espécie (genéticas, morfológicas, comportamentais), quer sobre os constrangimentos selectivos (naturais, antropogénicos), quer sobre ambos, utilizando judiciosamente os factores de correlação.

No entanto, isto requer precauções e uma compreensão dos processos biológicos e ëcológicos das espécies em questão, tendo em conta este aviso.

"Para valores baixos de linearidade (inferiores a dois), deve ser dada especial importância às flutuações amortecidas, que, no entanto, induzem estruturas discretas

subjacentes".

Encontramos este problema nas fases intermitentes do desenvolvimento caótico completo, aparentemente linear, mas com estruturas subjacentes muito variáveis, cujas flutuações e perturbações devem ser compreendidas ao nível da coerência vital nos casos de degenerescência e de desenvolvimento anárquico patológico. O resultado do modelo de teste é utilizado sob a forma de uma probabilidade de evolução dentro de um intervalo de confiança, e baseia-se nas causas suspeitadas durante as observações, que são utilizadas e verificadas à luz dos conhecimentos científicos actuais. Este método exploratório exige competências pluridisciplinares e meios de investigação que ultrapassam os que utilizámos para resolver o caso de processos evolutivos complexos como o de Euproctes.

Para concluir esta chamada de atenção, podemos utilizar uma abordagem modelar para iniciar um diagrama exaustivo da revolução de uma espécie, desde as suas origens até aos nossos dias, a fim de obter coeficientes de adaptabilidade e de divergência biológica. Depois, utilizando os coeficientes assim obtidos e os derivados das observações, após correção, produzir um modelo de teste para simular e projetar a probabilidade de evolução desta espécie. Para além deste aspeto estocástico, a natureza altamente aleatória da não linearidade revela estruturas subjacentes limitadas que são difíceis de prever. No entanto, elas são decisivas para a manutenção das coerências vitais que condicionam a homeostase relativa do organismo dos indivíduos da população de uma espécie. Nos limites da linearidade e da não-linearidade, a compreensão da natureza destas estruturas delimitadas parece-nos ser de primordial importância no tratamento da teoria da revolução alargada à das transformações da civilização através de processos evolutivos complexos.

Isto levou-nos a completar esta modelação da revolução biológica, alargando-a ao seu conceito antropológico, simulando o efeito de inversão (Tort, 1983) para traçar as origens dos instintos sociais que, em certos animais, se manifestam numa proto-cultura. Este resultado do desenvolvimento da consciência e da emancipação cultural, específico da espécie humana, manifestou-se exclusivamente numa inversão de tendência que a distingue claramente das outras espécies animais, através da expressão da Civilização. No modelo do efeito de inversão, utilizamos três coeficientes de adaptabilidade, biológico (*CA bio*), de divergência (*CA div*) e de efeito de inversão (*CA er*), introduzidos em três funções logísticas multiplicativas. Através das suas primeira e segunda derivadas, definimos as amplitudes máximas dos instintos sociais nos seus limites, bem como a densidade de probabilidade do efeito de inversão que daí resulta, em relação à curva normal da sua evolução biológica por seleção natural, que se inverte para produzir a civilização, exclusiva da espécie humana, cujos primórdios explorámos nos animais estudados sucessivamente, os anfíbios, os roedores e os primatas.

Se o carácter universal da não-linearidade permite resolver processos evolutivos complexos, cada projeto de investigação tem a sua especificidade e exige uma abordagem diferente para cada caso de estudo, com as precauções habituais, quer se trate da utilização de árvores filogenéticas ou, mais particularmente, da escolha de parâmetros que permitam atualizar os coeficientes de adaptabilidade através da assimilação de dados observacionais.

No ensaio sobre as baixas energias biológicas, expliquei a diferença entre o acaso resultante de circunstâncias selectivas, que se distingue claramente do aspeto aleatório das variações, devido às propriedades intrínsecas da matéria inerte e, por extensão, à natureza combinatória dos seres vivos.

No caso de processos evolutivos complexos, como a embriogénese, o conhecimento das

148

condições iniciais é essencial para ajustar o modelo de teste, que é altamente dissimétrico nas primeiras fases de segmentação e altamente correlacionado nas fases subsequentes para a formação dos órgãos, que se formam no decurso de uma reação em cadeia num mosaico de interacções simultaneamente contidas pela co-ação dos genes e pela energia produzida pelos complexos proteicos.

A escolha dos parâmetros a assimilar é determinante, tanto para as variações como para os constrangimentos selectivos, pelo que não é a quantidade de parâmetros a assimilar que é importante, mas sim a compreensão da sua natureza e das interacções susceptíveis de produzir a não linearidade. Utilizando a distribuição gaussiana da população de uma espécie, podemos decompor o processo de divergência: quando uma perturbação modifica a sua forma, para variações acidentais nos pequenos valores, a curva normal desenvolve-se exponencialmente; isto provoca modificações na sua média e nos seus desvios-padrão fora do equilíbrio, cuja instabilidade aumenta para os grandes valores até provocar uma dissociação significativa da divergência da espécie considerada.

Apêndice 2
Filogenia dos Anfíbios e Urodelos

Tal como os *Vertebrata, Sarcopterygians, Rhipidistians, Tetrapods e Amniotes*, *os Lissamphibians permaneceram* desabitados pelo meio aquático, pelo que as formas actuais pouco diferem das formas antigas e possuem características morfológicas e fisiológicas que nos dão indicações da transição entre o meio aquático e o meio terrestre durante a sua evolução. Esta transição exprimiu-se por alterações, nomeadamente no modo de reprodução e de desenvolvimento, durante uma metamorfose necessária em que a respiração branquial foi substituída pela respiração bucofaríngea e por pulmões, por vezes inexistentes ou rudimentares como no Euproctus, que manteve a respiração cutânea. Estes sistemas deveriam assegurar a continuidade respiratória entre dois ambientes, mas é sobretudo a respiração cutânea, completada pela respiração bucofaríngea, que desempenha esta função de transição. É portanto de particular interesse traçar a filogenia dos lissamfíbios para compreender as principais variações morfológicas e fisiológicas que afectaram a classe dos batráquios, os anuros e a ordem Urodeles em particular.

Do período primário e dos primeiros períodos secundários, os *Temnospondyla estão* mais próximos dos *Anuros*, e este grupo inclui os *Batracomorfos* e os *Antracossauros, que estão* mais próximos dos répteis. Os *Urodeles*, que datam do período secundário, são classificados separadamente.

Entre os *Batrachomorfos, distinguimos* o género *Ichthyostega*, do Devónico Superior (Gronelândia, 360 Ma), que nos dá uma ideia da morfologia dos primeiros anfíbios, medindo entre 1,20 e 1,50 metros de comprimento e diferindo dos *Rhipidistianos*. Assemelhava-se a uma salamandra pesada que conservava placas ósseas no crânio e uma cobertura de escamas no ventre. Tinha uma barbatana e seis dedos nas patas dianteiras.

Entre os *Rachitomes* do Carbonífero Inferior, que se estendeu até ao Triássico, havia formas aquáticas e outras mais terrestres, dotadas de uma sólida armadura dérmica; a mão tinha quatro dedos e o pé estava reduzido a cinco. No *Dinosaurus,* o esqueleto branquial é preservado na fase adulta, e esta neotenia é observada nas larvas dos batráquios actuais.

A seguir aos Rachitomes, no Triássico Inferior, surgiram os *Trematossauros, que viviam* exclusivamente no mar, e, a partir dos Rachitomes, os *Stereospondyla,* muito aquáticos, com membros pouco ossificados para o movimento terrestre, dotados de brânquias e patas dianteiras com membranas.

Os anuros, rãs e sapos, são conhecidos desde o Triásico Superior, quando foi descoberto em Madagáscar *o Triadobatrachus*, que tinha apenas dez centímetros de comprimento, uma cauda pequena e quase não saltava, enquanto outros se distinguiam por uma aptidão acentuada para saltar e apresentavam adaptações a uma grande variedade de ambientes, incluindo a seca e o frio extremos.

Embora a vida larvar dos *Lissamphibios* permanecesse aquática, após adotar diferentes graus de mëtamorfose consoante a espécie, o adulto tendia a continuar as suas actividades perto da água, permanecendo em ambientes muito húmidos. Vejamos os grupos *Embolomeres* e *Seymouriamorphes,* que derivam dos *Osteolepiformes*. Os *Embolómeros* são anfíbios do Carbonífero Inferior: o *Pholidogaster,* predominantemente aquático, tinha um corpo comprido prolongado por uma cauda poderosa e membros muito curtos. *Os Seymouriamorphs* são formas do Carbonífero Superior e do Permiano que se pensa terem tido origem nos *Embolómeros*. Menos aquáticos do que os Embolómeros, os *Diadectes* e os *Seymouria* tinham pernas muito alongadas sob os seus corpos maciços prolongados por uma cauda, teriam adquirido uma provável adaptação à vida terrestre através de uma dieta herbívora de plantas aquáticas e eram provavelmente dotados de aptidões para se deslocarem no solo em busca de plantas terrestres. Os fósseis de *lissamfíbios* dos períodos Devónico e Carbonífero mostram alterações significativas na sua morfologia:

- Os ossos das pernas engrossam e os músculos poderosos permitem-lhes mover-se sem arrastar a barriga quando passam da água para a terra.
- A coluna vertebral torna-se mais robusta.
- Os tímpanos alteram-se e captam os sons do ar.

Há 350 milhões de anos, *os lissamfíbios* adquiriram aptidões terrestres, mantendo-se dependentes do meio aquático de onde tendiam a emergir a partir do Devónico (peixes com barbatanas lobadas), dividindo-se em dois grupos no Carbonífero, os *Labirintodontes* e os *Lepospondilos,* provavelmente os antepassados dos actuais lissamfíbios, que do Permiano ao Triássico deram origem a três grupos:

- *Anuros.*
- O *Urodeles,* que inclui nove famílias de tritões e salamandras.
- *Gymnophiones*.

Quanto aos *Urodelomorfos*, cujos fósseis diferem muito pouco das formas actuais, a sua classificação continua a ser objeto de debate entre paleontólogos e sistematas, que nos apresentam as suas principais características:

- O crânio foi objeto de numerosas reduções ósseas.
- No entanto, o endocrânio permanece cartilaginoso.
- Faltam muitos ossos (suborbital, parietal).
- O maxilar superior está bem suturado ao crânio.
- O esqueleto branquial está sempre desenvolvido.
- Os membros são pequenos.
- O esqueleto tem uma imponente coluna vertebral com cerca de cem vértebras.

No modelo de abordagem de revolução para *Sarcopterygians* e *Rhipidistians, fornecemos* a representação mais exaustiva para avaliar os coeficientes de adaptabilidade dos Lisamphibians e Batrachians, Anurans e Urodeles em particular. Na ordem *Caudata, a* família *Salamandridae*, de acordo com a classificação atual, compreende cerca de vinte espécies.

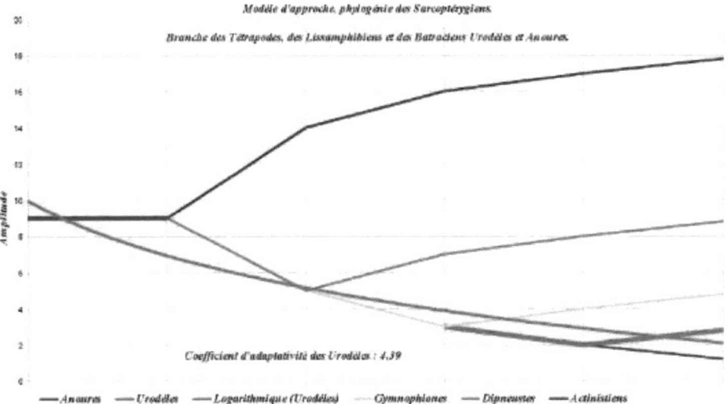

77. No diagrama de árvore, o ramo superior está claramente destacado e é o dos Actinistians (em vermelho escuro), abaixo do qual os Rhipidistians se ramificam e divergem nos Dipneustes (verde) e nos Tetrápodes (amarelo). A divergência dos Tetrápodes é dividida em dois caminhos, o dos Lissamphibians (amarelo) e o dos Amniotes não representados, que se divide entre os Mammiferes e os Sauropsids. O ramo dos Lissamphibians inclui os Gymnophiones (amarelo) na parte superior e os Anurans (azul) e Urodeles (vermelho grosso) na parte inferior.

Para o ramo Urodeles, o coeficiente de adaptabilidade biológica a longo prazo é estimado em 4,39 (vermelho). Ainda a longo prazo, os coeficientes de adaptação à divergência para o ramo Urodeles situar-se-iam entre 0,32 para uma evolução estabilizadora sem grandes alterações e 2,74 se considerarmos a sua evolução exponencial, que tenderia a diversificar-se. Na ausência de dados observacionais, efectuámos simulações prospectivas formando as características variáveis das tendências das suas capacidades respiratórias, mais aquáticas do que terrestres.

Pensa-se que os lissamfíbios datam do Triásico Inferior (240 Ma) e que adquiriram a respiração cutânea, ausente nos primeiros tetrápodes cobertos de escamas, o que limitava seriamente as trocas gasosas transcutâneas. A subordem *Crytobranchoidea* das salamandras primitivas é atualmente representada pela salamandra chinesa (*Andrias davidianus*) e pelo Menopoma (*Cryptobranchus* alleganiensis) da América do Norteq ;

Quando adultas, *estas* espécies apresentam características larvares como.

- As fendas branquiais.
- olhos sem pálpebras.
- Respiram graças às numerosas pregas de pele muito finas e muito irrigadas por capilares.

A subordem *Salamandro'idea* é constituída por *Plethodontidae*, sem pulmões nem guelras que respiram através da pele, enquanto a subordem *Sirenoiddea*, essencialmente aquática, se assemelha a uma enguia sem membros posteriores, enquanto os membros anteriores são reduzidos. Com exceção de algumas rãs que vivem nas águas salobras dos mangais, os lissamfíbios não vivem nas águas sujas dos mares e oceanos.

As principais características comuns aos lissamfíbios :
- São poi'quilotérmicos, o que significa que são incapazes de regular a sua temperatura

através da adaptação ao clima e às condições meteorológicas, o que afecta o seu baixo metabolismo e comportamento. A sua reprodução, crescimento e metamorfose são sensíveis às variações de temperatura através das glândulas pituitária e tiroide. A sua sobrevivência no frio implica a hibernação com uma energia biológica muito baixa.

- A sua pele permeável à água facilita as trocas gasosas, permitindo-lhes permanecer na água. As capacidades terrestres variam de espécie para espécie, com a produção de uma camada de muco e a aquisição de adaptações respiratórias adicionais.

- As glândulas serosas produzem toxinas, as glândulas parótidas produzem uma neurotoxina, como a toxina do bufo, e a salamandra tem este tipo de glândula atrás dos olhos.

- A cor da pele depende de cromatóforos implantados em três camadas de células.

- O sistema respiratório muda durante a metamorfose: na larva, o esófago de duas câmaras impulsiona o sangue para as brânquias e para o resto do corpo. Após a metamorfose, no adulto, o ventrículo tem um ventrículo e duas aurículas, e é o ventrículo que envia o sangue para os pulmões e para todo o corpo, para além do sistema linfático.

- O sistema nervoso assemelha-se ao dos peixes, com o cerebelo a controlar o ritmo cardíaco e a respiração, o mesencéfalo a coordenar os músculos e o telencéfalo a captar os sinais olfactivos, a visão e as vibrações. Como a audição não é muito eficaz, o telencéfalo desempenha um papel na aprendizagem.

O esqueleto ossificado de Urodeles é constituído por uma cintura pélvica e uma cintura escapular sobre a qual estão implantados os quatro membros locomotores curtos. A cabeça é larga e os dentes pedicelados, e o tronco é prolongado por uma cauda. As larvas aquáticas têm guelras e sofrem metamorfose.

Apêndice 3
Notas e cronologia das observações.

Os Euproctes foram observados pela primeira vez em julho e agosto de 1983, e novamente em 2006 e 2009. A bacia hidrográfica em que observámos os Euproctes em julho e agosto situava-se acima dos celeiros de Moudang, a 1600 metros de altitude. O Neste corre entre o Pic de la Hount e o Pic de Pene Abeilliere, seguindo o caminho que o acompanha em direção ao Pic de Bataillence, na fronteira espanhola. A zona de observação situa-se a partir da nascente ferruginosa que alimenta o Neste e os celeiros de Moudang, num vale rochoso e, por vezes, pantanoso. A temperatura variava muito rapidamente em função das condições meteorológicas estivais, de muito quente a fria quando chovia ou quando havia nevoeiro, com uma humidade que variava entre 20 e 100%. Com bom tempo, as temperaturas médias eram de 17°C de manhã por volta das 10:00, 23°C às 12:00 e 24°C à sombra por volta das 14:00, com mais de 35°C ao sol.

Com uma temperatura exterior de 14,5°C, a água que entrava na piscina de Euproctes situava-se entre 10°C e 13°C, variando em função da profundidade da piscina (entre 10 e 25 cm), do caudal e da natureza do fundo e das praias, constituídas por rochas, seixos ou cascalho, rodeadas de vegetação. No fundo, sob uma pequena rocha, a temperatura é de 11°C à sombra. Sabendo que o acasalamento se efectua a 12°C com uma procura de água muito oxigenada. Normalmente básico no Neste, o pH da água do charco era de 6,8 a 7,5 para uma resistência de 0,2 kiloohms e 59,8 micro-amperes. As piscinas eram muito ferruginosas na nascente, com o teor de ferro a diminuir com a distância da nascente.

Gravado em 3/7/1983 :

Observações gerais sobre a estrada entre a ponte de Moudang e os celeiros de Moudang, na subida para a nascente do Neste du Moudang.
- Dois patos.
- Euproctes.
- Rãs vermelhas.

Gravado em 2/8/1983 :

Observações gerais de aproximação na mesma rota.

A 2.500 metros de altitude, o tempo estava muito bom e ventava ao fim da tarde. A temperatura do ar era de 17°C às 9h00 e de 22°C às 12h00.
- Quatro grifos em voo sobre os cumes
- Um pato de bico amarelo
- Euproctos e rãs.
- Uma víbora atravessa a estrada.

Gravado em 4/8/1983 :

Observações gerais sobre o mesmo itinerário.

Nublado com ënuvens, noite de trovoada, nublado muito nublado e teto baixo. Temperatura do ar entre 14°C e 17°C:
- Dois abutres em voo sobre afloramentos rochosos

Gravado em 7/8/1983 :

Acima dos celeiros de Moudang, subindo até à nascente do Neste du Moudang alimentëe por uma cascata, numa pequena bacia de águas calmas, com um fundo rochoso coberto de lama e dëpõts observamos Euproctes. A queda de água saliente, que a alimenta, acentua a oxigenação da piscina de 10 cm a 30 cm de profundidade. A margem é revestida de pedras, cascalho, musgo e plantas, e a corrente suave descarrega a água na torrente. A temperatura média do ar era de 11,5°C e a temperatura média da água era de 10,5°C.
- Os euproctes deslocam-se na água escondendo-se debaixo das rochas.
- Um Euproctus oxigena-se numa das pequenas albufeiras do ribeiro de caudal rápido que alimenta o Neste, com o tronco e a cabeça fora de água.
- Na cavidade de uma rocha submarina, um macho rodeia uma fêmea por baixo da sua cabeça e ficam imóveis.

Gravado em 9/8/1983 :

Bacia da nascente ferruginosa do Neste du Moudang. Tempo bom com vento, chuva e períodos de sol ao fim da tarde, temperatura entre 17°C e 22°C.

12h00: Acima do pico Garlitz (2798 metros), dois grifos sobrevoam uma zona arborizada e rochosa.

13h00: O grupo aumenta para oito, depois dez grifos, e sobrevoa os vales em voos circulares a diferentes altitudes, em direção a Les Cretes.

16h00: Dois abutres em voo sobre uma zona rochosa.

16h00: dois peneireiros-das-torres em voo sobre o Pic de la Hount, pairando e dirigindo-se para o ninho, aterram numa saliência rochosa sobre uma zona arborizada e de pastagem. Um dos peneireiros captura uma presa no solo e voa, o outro junta-se a ele e captura a presa em voo e dirige-se para o ninho.

Gravado em 11/8/1983 :

Pont de Moudang, route des granges. O teto de nuvens estava baixo, mas o sol e o vento surgiram por volta das 12h00.
- Oito grifos em voo nos cumes.

- Dez grupos de isardas nas pastagens perto da estrada e dois em altitude.

- Na bacia da nascente ferruginosa: Dois Euproctes entrelaçados ao nível do corpo sob as patas dianteiras. A fêmea está imóvel, de barriga para cima, sendo visível a coloração coral do ventre, os períodos de repouso imóvel duram até três quartos de hora, antes de iniciar um movimento propício à fecundação. Após várias tentativas, o macho fica agitado e, após um breve contacto, separa-se da fêmea. A fêmea sai do meio da piscina, seguida por outros machos, dirigindo-se para a entrada da água mais corrente. A zona de acasalamento situa-se no meio do charco menos ágil ou mesmo na ribeira, abrigada por grandes pedras.

Gravado em 12/8/1983 :

No Neste, acima de Les Granges (1200 metros), teto muito baixo, vento fraco.

Registo de 13/8/1983 :

Temperatura do ar às 14h00: 24°C à sombra, 32,5°C ao sol, vento fraco.

Avançar em direção ao desfiladeiro de Aumar (2400 metros), explorando o cascalho sob os neves, em pleno sol, observando as zonas de pastagem de altitude (gado bovino, ovino, equino).

- Duas gralhas nos rochedos em frente ao Neouvielle, depois na rocha.

- Dois abutres em voo sobre o Neouvielle.

- Num lago, muitos tetardos em águas muito límpidas.

Gravado em 16/8/1983 :

Na estrada de Pont de Moudang, entre 1000 e 1600 metros, a temperatura média foi de 17°C, sem vento, com trovoadas com períodos de sol e um teto baixo e nublado ao fim da tarde.

- Corvos, gaios e grifos.

- Às 12h00, quatro grifos em voo sobre as cretes em altitude. Um adulto e três mais pequenos à procura de velocidade sobre os cumes. Um pequeno junta-se ao maior, entrelaçam as garras em voo e circulam juntos, deixando-se cair, depois separam-se. Retomam o seu voo ascendente e repetem esta cena duas vezes.

Outros circuitos serão efectuados com maior frequência em direção ao circo de Troumousse e no Neouvielle.

Dados de 1/8/2006 :

15h00, bom tempo, nevoeiro em altitude durante a tarde.

- Por cima dos celeiros, vários abutres circulam pelos picos.

Num afluente do rio Neste, num charco, quatro Euproctes (cerca de 10 cm) caçavam gafanhotos verdes. A linha dorsal amarela é visível, o ventre é vermelho médio a coral.

- A 2400 metros, as temperaturas no furo de água eram as seguintes: Água corrente à entrada da bacia, 10°5 C. No fundo da água, debaixo da rocha, 11°C. Na água à sombra, do fundo até à superfície, 15°C a 24°C. Ao sol, às 12:00/35°C, 15:00/20°C, 17:00/11°C. Água da piscina PH 7,4.

- São mais atraídos por presas vivas, mais claras do que escuras, e são mais relutantes em capturar outros insectos.

- A sua tática de caça consiste em deslocar-se ao longo do fundo rochoso na direção da presa que se agita à superfície, depois impulsiona-se para cima na sua direção, esperando e flutuando. Quando a presa passa por cima, apanha-a com as mandíbulas e afunda-se para a engolir no fundo. Durante esta retirada, um outro Euproctus tenta engolir a sua presa, o ataque prossegue com um abraço semelhante ao do acasalamento com a cauda e mordemse um ao outro. Depois afastam-se, um deles apanhando o inseto que se afunda.

Gravado em 2/8/2006:

Nublado e soalheiro.

- 13H00, no furo de água, um adulto e um mais pequeno dëplacentados no fundo.
- Às 15 horas, o adulto captura um gafanhoto à superfície, come uma perna e engole a presa inteira.
- O pequeno Euproctus com a linha dorsal amarela tenta sair da água e cai para trás. Consegue dëplacer em direção à margem, sai da água, atravessa uma pedra plana durante 50 cm e refugia-se debaixo de um tufo de vëgëtation.

Gravado em 7/8/2006:

Tempo muito bom, vento ligeiro.

- Às 14h30, um Euproctus sem linha amarela aparente vem devorar um inseto à superfície.
- Quatro Euproctes estão a caçar, um deles flutua inflando o ventre, depois de três golfadas de ar à superfície, espera pela presa entre duas águas, quando esta passa captura-a à superfície ou depois de várias tentativas infrutíferas, cansado cai para o fundo libertando bolhas de ar e espera por outro inseto.

Gravado em 8/9/2009:

As observações centraram-se nos cursos de água e nos charcos de Euproctes, no Neste du Moudang e em frente da nascente do Reine em direção a Port de Moudang.

- Dois Euproctes entrelaçados na corrente.
- Uma larva no musgo.
- Seis Euproctes caçam insectos que caem na lagoa.
- Cerca de quarenta abutres sobre o Pic de la Hount
- Fonte ferrugineuse de la Reine, sem Euprocte mas com plantas aquáticas muito bem desenvolvidas.

Gravado em 9/9/2009 :

Tempo muito bom, nascente ferruginosa no Neste du Moudang, presença de Euproctes com as guelras cobertas de partículas ferruginosas.

Apêndice 4

Impacto da altitude

na

respiração cutânea dos anfíbios.

A uma temperatura constante (12°C), se considerarmos o meio externo líquido, a epiderme encontra-se simultaneamente em estado líquido ao nível da película de água à superfície, tornando-se mais cristalina nas primeiras camadas de células. Na derme, o tecido conjuntivo apresenta-se como uma amálgama semi-cristalina. Estas três fases biológicas encontram-se num equilíbrio instável em torno da rëfërence de tempëratura propícia à vida e reprodução dos Euproctes.

Consoante a mudança de altitude, o tecido cuUino altera-se, e o ambiente actua sobre o seu espaço de fase, como constatou J.A. Vellard quando ëIII^ë a adaptação de anfíbios a grandes altitudes nos Andes, entre os três e os cinco mil metros, que comparou com espécies de baixa altitude. Até aos dois mil metros, a altitude tem pouco efeito, mas nesta região de clima tropical temperado e frio, acima dos dois mil metros, a secura do ar, a queda da pressão atmosférica e a diminuição da tensão de oxigénio, bem como a temperatura, contribuem para adaptações temporárias, se não definitivas. Os efeitos das radiações sobre a fotossensibilidade da pele e dos seus pigmentos, que captam a luz reagindo à intensidade das radiações ultravioletas, também devem ser considerados. Relativamente aos anfíbios, o naturalista J.A. Vellard observou que em altitude elevada :

- Nas condições climáticas andinas, um espessamento da pele e a formação de cutículas espartilhadas, as pústulas são muito dëveloppëes e a cornificação da epiderme é muito marcada.

- Uma adaptação gradual à vida em ambientes húmidos e semi-aquáticos, tornando-se sistematicamente aquática a altitudes muito elevadas.

Concluiu que a altitude nestas latitudes tem efeitos morfológicos e fisiológicos e modifica o ciclo biológico.

- A 2.300 metros de altitude, a pele é seca e verrugosa num ambiente húmido.

- A menos de 3.000 mëtres, o tamanho é grande, a vida parcialmente terrestre, a pele ëpaisse et coriK'e, as choanes são reduzidas, o tímpano bem Aоттaë.

- Entre 3.000 e 4.000 metros, a tendência torna-se mais aquática do que terrestre, a pele é menos espessa e torna-se granulosa, dependendo da temperatura. As coanas são mais do que reduzidas e o tímpano é incompleto.

- Finalmente, a 4000 metros, as adaptações são notáveis, a vida é inteiramente aquática, a pele é lisa e espessa, com poucas pústulas, as coanas são grandes e o ouvido interno está a regredir (já falámos da redução das pestanas em meio aquático), tal como os dentes.

A maioria dos anfíbios é capaz de efetuar trocas gasosas com a água ou o ar através da pele coberta de muco. Para que esta respiração cutânea funcione, a superfície da pele é altamente vascularizada pelos sistemas linfático e arterio-venoso, e o tecido cutâneo deve permanecer húmido para permitir a difusão do oxigénio a uma taxa suficientemente elevada. Uma vez que a concentração de oxigénio na água aumenta quando a temperatura é baixa e o caudal é elevado, os anfíbios aquáticos podem, quando estas condições estão reunidas, depender principalmente da respiração cutânea, como no caso da rã do lago Tticaca[48] *Telmatobius culeus*, e o Euprocte des Pyrenees. Ao ar livre, onde o oxigénio está mais concentrado, algumas espécies de pequeno porte podem depender apenas das trocas gasosas cutâneas para respirar, sendo o exemplo mais famoso as salamandras da família **Plethodontidae**, que não têm pulmões nem brânquias. Todos os anfíbios têm brânquias na fase larvar e algumas salamandras aquáticas conservam-nas na fase adulta. *Telmatobius culeus* é comum nos Andes, na Bolívia, Equador, Chile, Argentina e Peru. Esta rã vive no Lago Titicaca, a 3.810 metros de altitude, e a sua pele é constituída por numerosas pregas cutâneas proeminentes. Este anuro estritamente aquático reproduz-se na margem do lago, preferindo o fundo para se alimentar de caracóis e insectos aquáticos. Adaptado a uma altitude elevada, tem uma taxa metabólica muito baixa que requer menos oxigénio, e a sua respiração faz-se principalmente através da pele altamente vascularizada, que absorve o oxigénio da água através da grande superfície de pele com pregas que estica com breves movimentos bruscos para aumentar a absorção da água pouco oxigenada, desdobrando-se muito lentamente. Por fim, emerge da água para respirar através dos seus pulmões

---

48 O Lago Titicaca está situado numa zona tropical, a uma altitude de 3812 metros, com uma elevada exposição à radiação solar UV. Tem uma baixa concentração de oxigénio, com uma temperatura média do ar de cerca de 11°7 a 12°7 e uma temperatura da água de 10°C. O oxigénio varia com a profundidade (termoclinas), para um pH de 8,34/8,93, a concentração de oxigénio dissolvido é de 6,02 a 7,29 g/l.

pequenos e pouco vascularizados. Sob tensão, a pele segrega uma substância viscosa e pegajosa de fraca toxicidade, suficiente para afastar os predadores. Os seus sacos respiratórios cutâneos são muito vascularizados no dorso, nos flancos e nos membros posteriores. À medida que ganha altitude, a pele torna-se mais espessa, sendo a epiderme constituída por várias camadas de células maiores do que a derme. Na água, a pele é lisa com algumas pústulas, a respiração cutânea é predominante, a formação de pregas cutâneas é acentuada pelo aumento da superfície respiratória e há uma rica vascularização da epiderme com a presença de ampolas hemáticas para captar o oxigénio do ar rarefeito. No adulto, a pele é de facto mais áspera do que na larva, e podemos concordar que a respiração cutânea parece atuar principalmente ao nível das células epidérmicas, estendendo-se à derme conjuntiva que é vascularizada pela linfa. Esta variável de ajustamento da pele é importante para testar a evolução dos Euproctes, devido à importância da respiração cutânea e do processo de desintoxicação local que lhe confere uma dupla proteção, contra a dessecação ao ar livre e contra os predadores. Embora as bactérias e a poluição possam afetar rapidamente a sua pele, assimila bactérias férricas, que considera benéficas.

Apêndice 5
A vida num aperto de ferro.

Os euproctes observados na fase larvar em lagos muito ferruginosos têm o corpo e as guelras cobertos de partículas finas e brilhantes de silte carregadas de ferro. Quais são as possíveis consequências desta concentração excessiva de ferro? Poderão tirar partido dela para a sua respiração, nomeadamente alimentando-se de ferrobactérias?

As nascentes e quedas de água do Moudang são ricas em metais que entram em contacto com os depósitos metalíferos aflorantes. Estes metais, oxidados por bactérias acidófilas, produzem águas acidificadas carregadas de partículas finas de metais dissolvidos, entre os quais o ferro férrico (*Fe)*, que tingem de vermelho as bacias de retenção dos Euproctes, as nascentes e os cursos de água que desaguam no Neste. $^{2+}$Bactérias como a *Leptospirillum ferriphilum* oxidam o ferro ferroso (*Fe*) *da* pirite em ferro férrico (Battaglia-Brunet, 2010), o que faz deste um dos mais antigos sistemas redox de baixa energia livre envolvidos nos processos bioquímicos da respiração. $^{2+3+}$O potencial redox do par *Fe* /*Fe* é de 0,77 volts. Comentei a importância deste oscilador bioquímico no ensaio sobre baixas energias biológicas, e a sua presença em excesso levantou-me questões ao observar Euproctes nas suas piscinas saturadas de ferro.

Na maior parte dos cursos de água alimentados por nascentes de águas ferruginosas, na ausência de caracóis na corrente, observámos um desenvolvimento notável de plantas aquáticas espalhadas em longos filamentos verdes animados por um movimento ondulatório. Nestas águas altamente oxigenadas e bem iluminadas, estas plantas são enriquecidas em ferro, um metal que transporta electrões durante as reacções redox que ocorrem durante a fotossíntese, combinando-se com enzimas para promover o crescimento das plantas. Pelo contrário, uma deficiência de ferro reduziria o crescimento e causaria clorose. Estas plantas aquáticas são bioacumuladoras de ferro. Durante a fotossíntese, a clorofila *a é activada* pela luz; em altitude e no alto verão, os espectros de absorção de 400 nanómetros para o ultravioleta e de 700 nanómetros para o infravermelho aceleram a redução do NADP+ nas horas mais brilhantes do dia. No fotossistema *I,* o eletrão libertado pela clorofila passou para uma proteína que contém ferro, a ferrodoxina, que é reduzida e rë-oxidada numa flavoproteína, transferindo o eletrão para o **NADP'**, que ganha um átomo de hidrogénio **H**. Consecutivamente, *o NADPH49* é utilizado para reduzir *o CO2* a hidratos de carbono durante a fase escura da fotossíntese. Nestes cursos de água, o teor em ferro atingiria um valor ótimo para o desenvolvimento destas plantas aquáticas em correlação com a elevada luminosidade estival em altitude, beneficiando da elevada oxigenação induzida pelo fluxo turbulento da água.

49 Nicotinamida Adenina Dinucleótido Fosfato de Hidrogénio, NADPH-oxidase é um complexo enzimático membranar.

No entanto, para os animais aquáticos, esta presença de ferro ultrapassaria os limiares de toxicidade, que são certamente mais elevados durante o verão, nas águas calmas das lagoas de Euproctes, onde estão presentes larvas com guelras e adultos em modo de respiração cutânea e bucofaríngea.

Compare-se o Euprotecto dos Pirinéus com o *Proteus anguinus,* Laurenti, 1768, um anfíbio Urodele primitivo, cavernícola, que permanece na fase larvar, dotado de brânquias, e que vive exclusivamente na água. A sua pele é branca a ligeiramente rosada, coberta por **"*um muco hialino que se torna opaco em caso de stress*"**. Os pigmentos cutâneos fotossensíveis vão do cinzento escuro ao preto à luz. Encontrado no sudeste de Itália, da Eslovénia à Croácia e à Bósnia-Herzegovina, vive em águas profundas e escuras das grutas, a uma temperatura entre 5°C e 14°C, com um pH básico de 7,4 a 8,7 e um nível de oxigénio dissolvido de 7 a 12 mg/L. Entre os seus alimentos, absorve uma ferrobactéria anaeróbia e autotrófica **Perabacterium** spelaei (Victor Caumartin, 1957), que fixa o azoto do ar. Esta bactéria obtém a sua energia e o seu carbono a partir da decomposição do carbonato de ferro quando o óxido ferroso é libertado, e da sua decomposição em óxido férrico quando o dioxigénio é libertado da água. Esta ferrobactéria, incluída na argila siltosa adsorvente, fornece oligoelementos, vitaminas e oxigénio. A Protea é um organismo jovem de vida muito longa que pratica a autofagia e assimila estes subprodutos bacterianos para sobreviver. Note-se a fotossensibilidade do muco e da pele como órgão respiratório complementar das brânquias, bem como o ganho de oxigénio ligado ao carbonato de ferro, em águas pouco oxigenadas e básicas. Comparado com o Euproctus, um cavernícola facultativo de altitude média, consome metade do oxigénio em atividade mínima e, portanto, tem um metabolismo de baixa energia. A segmentação do ovo, que tem um diâmetro inicial de cerca de 5 mm, dura 15 minutos a 11°6 C até à fase de blástula. A sua respiração é essencialmente branquial, os pulmões não são funcionais e, fora da água, predomina a respiração cutânea.

A neotenia (Kolmann, 1884) na Protea e no Axolotl (**Ambystoma** mexicanus) permite a reprodução na fase larvar devido a uma insensibilidade da tiroide de origem antiga. Pensa-se que a metamorfose dos Urodeles corresponde a uma adaptação dos anfíbios que lhes permitiu fazer a transição da vida aquática para a vida terrestre, que surgiu por volta de meados do período Terciário, e portanto a uma ativação da atividade tiroideia dependente da temperatura e da luz em resposta a situações de stress, através do iodo, que é geneticamente inactivado nas espécies sujeitas a neotenia permanente.

A um pH normal de 7, o ferro precipita a concentrações entre 4,5 e 13,5 mg/l e não precipita entre 0,5 e 1,5 mg/l. O ferro a 50 mg/l é altamente tóxico para as larvas, provocando um atraso no crescimento e a morte devido a uma forma de hemossiderose. Os sais ferrosos são instáveis no ar e **"o óxido de ferro oxigenado absorve protões"** para dar óxido ferroso e água, o que contribui para a hidratação dos tecidos e ajuda a produzir muco no tecido cutâneo, reduzindo a acidez do ambiente, que modula a atividade das enzimas nas células do organismo. O átomo de ferro tem vinte e seis electrões e o ião ferroso em solução aquosa adquire electrões dos átomos de oxigénio da água ou do ar saturado de água para formar um ião complexo ativo. O sangue e o meio celular são meios tampão aquosos que absorvem o ferro; este torna-se ativo na presença de oxigénio, mobilizando a translocação de protões e a transferência de electrões durante a respiração.

Para se ter uma ideia da magnitude da toxicidade do ferro no ser humano, cuja tolerância ao ferro é de apenas 100 microgramas por litro, a sobrecarga de ferro provoca uma hemossiderose que afecta a cor da pele e provoca lesões anatómicas e funcionais irreversíveis, cujas patologias são resumidas a seguir para os órgãos-alvo conhecidos:

- Na glândula pituitária, provoca um atraso no crescimento.
- Parathyroi'de, um hiperparatiroi'die.
- Doenças cardíacas, insuficiência cardíaca e outras perturbações.
- Fígado, citólise e cirrose.
- Pâncreas, diabetes.
- Gónadas, hipogonadismo e infertilidade.
- Mutações, cujas causas prováveis discutiremos a seguir.

Embora o ferro seja pouco solúvel na água, acabámos de ver que a sua forma de sal ferroso é mais solúvel do que a dos sais férricos. É absorvido em estado coloidal pela pele e pela via buco-faríngea do Euproctus. Os substratos siltosos estão associados a minerais, vegetação, resíduos orgânicos e ferrobactérias que as larvas de Euproctus consomem em proporções variáveis consoante a estação do ano nos charcos onde vivem. Nestes charcos naturais, pouco profundos e carregados de ferro, vivem as ferrobactérias que absorvem e oxidam o ferro, libertando oxigénio. Será que a presença destas bactérias férricas desempenha um papel na limitação das patologias causadas pelo excesso de ferro? Estarão elas envolvidas no metabolismo e na respiração cutânea dos Euproctes que delas se alimentam na fase larvar em charcos ricos em ferro?

O ferro está presente nas funções metabólicas, sob a forma de óxido férrico e de óxido ferroso. Este par bioquímico oscilante está envolvido em reacções de oxidação-redução com baixa energia livre. A nível celular, o ferro catalisa enzimas que contribuem para o transporte de electrões, para a ativação do oxigénio e para a síntese dos nucleótidos e do *ADN*, em função da energia livre fornecida pelo *ATP* em ligação com a translocação de protões na mitocôndria. O óxido de ferro Fe^{3+} é pouco solúvel a pH fisiológico, estando as proteínas envolvidas na sua solubilização e transporte no interior da célula, com armazenamento intracelular sob a forma de ferritina. É transportado extracelularmente pela transferrina e a membrana plasmática da célula contém receptores de transferrina que captam a ferrotransferrina. Após a endocitose, o ferro actua no meio celular a pedido da célula e do organismo, sob o controlo dos sistemas nervoso e hormonal, em resposta às agressões do meio externo. Actua na célula em associação com a ferritina, ou em parte, num complexo de baixo peso molecular. Este complexo regula o metabolismo deste metal, ajustando o número destes receptores, quer em caso de carência quer em caso de excesso de ferro, no nosso caso de estudo.

Na membrana interna das mitocôndrias, está presente nos citocromos, como transportador de electrões extra-membranar móvel entre o complexo III (citocromo *bc*) e o complexo IV (citocromo oxidase). A rejeição do citocromo *c está envolvida* na apoptose, a morte celular programada, uma vez que o citocromo *c* é libertado para o citoplasma. O citocromo é uma coenzima ferroporfirina envolvida no processo de oxidação-redução, catalisado por uma reação reversível de óxido férrico para óxido ferroso.

O excesso de ferro é um fator de stress oxidativo que pode favorecer a produção de radicais livres, as espécies reactivas de oxigénio (ROS).

Na presença de oxigénio, o ferro na sua forma de ião férrico tem a particularidade de se transformar em hidróxido férrico, que é particularmente insolúvel e seria, portanto, um fator limitante para o desenvolvimento. No entanto, as microbactérias possuem sidëróforos para capturar o hidróxido férrico e transportá-lo para o interior das células, e as larvas de Euproctes confinadas nos seus tanques saturados de ferro consomem estas bactérias, limitando assim a toxicidade do ferro no crescimento.

Qual é o papel dos pigmentos coloridos ventrais (laranja a vermelho) e dorsais (amarelo e preto) que são fotossensíveis à luz?

Enquanto os Euproctes adultos vivem em águas altamente oxigenadas, as larvas equipadas com brânquias deslocam-se em pequenos charcos com água menos corrente. A respiração cutânea fornece oxigénio por difusão nos tecidos através das células da epiderme e da derme. Os pigmentos respiratórios, como a ferritina e a siderofilina, estão envolvidos no armazenamento e na transferência de oxigénio para o sangue, onde a hemoglobina contendo ferro, específica de cada espécie, varia com a idade. A sua estrutura encontra-se num estado normal ou patológico em função do teor de ferro e da variação dos factores físico-químicos do ambiente (pH, temperatura, complexos químicos associados ao ferro, poluição natural ou industrial). A hemoglobina combina-se com o oxigénio de forma reversível, dando origem à oxihemoglobina em função da quantidade de ferro. Esta oxigenação do óxido ferroso depende da pressão atmosférica e da concentração de oxigénio no ar, que varia com a altitude, a profundidade e a turvação da água. O oxigénio presente na água difunde-se através da epiderme, desde as células da pele até às células do tecido conjuntivo da derme, onde a linfa entra em contacto com os capilares da corrente sanguínea geral. No sangue, a pressão do oxigénio é mais baixa do que nas células da pele, mas a pressão do dióxido de carbono aumenta, assim como a concentração de iões H, libertando oxigénio para as células e órgãos dos tecidos. Consequentemente, o dióxido de carbono é evacuado do tecido conjuntivo pelas células da pele através de uma desintoxicação direta pelas células epidérmicas e pelas glândulas excretoras e, secundariamente, pela circulação geral no tecido conjuntivo que reveste a cavidade respiratória oral-faríngea ou, ocasionalmente, pelos pulmões residuais necessários quando se sai da água. A oxigenação e a desintoxicação direta localizadas nas células cutâneas são assim completadas por estas duas últimas formas de respiração, mais adaptadas à vida terrestre, em particular a respiração pulmonar, que em muitas espécies vai adquirir uma capacidade cada vez mais eficaz de captar grandes quantidades de ar, aumentando a pressão de oxigénio e sobretudo evacuando o dióxido de carbono, contribuindo assim para tamponar o potencial dos iões $H+$ a um nível de acidez aceitável para o organismo.

Acabámos de nos interrogar sobre o impacto da toxicidade do excesso de ferro no metabolismo, mas devemos também interrogar-nos sobre os seus possíveis efeitos mutagénicos. Será que esta sensibilidade pode ter efeitos indirectos nas larvas de Euproctes?

Em reação às variações do meio interno e às flutuações do meio ambiente sobre o sistema nervoso, as hormonas e o sistema imunitário condicionam as respostas das células ao stress tóxico oxidativo provocado pelo ferro, que é muito ativo no organismo e a nível celular. Como acabámos de ver, o ferro está envolvido na respiração celular cutânea localizada, através do acoplamento diferencial do sistema linfático à circulação sanguínea geral do Euproctus, actuando sobre as enzimas e participando no metabolismo oxidativo. Como o ferro está presente na ribonuclease redutase, que catalisa a redução de ribonucleótidos a dësoxyrobonuclëides, os blocos de construção do ADN, isto levanta outra questão sobre a sua toxicidade gënëtica?

Nas bacias saturadas, o óxido de ferro residual, *Fe,* que é pouco solúvel, torna-se solúvel por ação de proteínas específicas e, eventualmente, das bactérias acima referidas, pelo que é transportado para fora das células pela transferrina e armazenado nas células do fígado e do baço sob a forma de ferritina. Os receptores na membrana plasmática captam a ferrotransferrina e, por endocitose, admitem o ferro na célula para satisfazer a sua função, satisfazendo assim as necessidades de ferro do organismo. Na célula, se o ferro permanecer ligado à ferritina, uma parte bastante diminuta de baixo peso molecular, sob a forma de um complexo não negligenciável, actuaria como regulador do metabolismo deste metal.

Em caso de sobrecarga de ferro, os receptores de membrana activados pelo excesso de ferro restringiriam as moléculas de ferritina, mas até que limite no Euproctus?

Acabámos de ver que o ferro é necessário para o metabolismo e a respiração, e que está envolvido na síntese do ADN, contribuindo para a proliferação celular. As investigações tendem a demonstrar que anticorpos específicos bloqueiam os receptores de membrana da transferrina e são também capazes de parar ou, pelo menos, reduzir a proliferação dos tumores, consoante as espécies. De acordo com estes estudos, o aumento do nível de ferro nas células é um fator agravante do risco de cancro e de anomalias cromossómicas. Os testes de toxicidade com ferro a 13,5 mg/l revelam uma taxa de mortalidade anormal e a ecotoxicidade ocorre em densidades elevadas e induz stress oxidativo (Fabrice Godet, 1993). [2]Pensa-se que o ferro actua no fuso mitótico, provocando quebras no ADN, e que catalisa igualmente a produção de radicais livres altamente tóxicos (hidroxilo OH, anião superóxido O). Os radicais livres altamente reactivos têm um tempo de vida muito curto e, se forem eletricamente neutros, o único eletrão provoca um paramagnetismo incidente suscetível de modificar a estrutura dos átomos circundantes.

Estes radicais livres são produzidos por ativação térmica, fotoquímica ou radioquímica, bem como por reação bioquímica com electrões lentos, por exemplo, numa quebra homolítica de uma espécie química, sendo os dois produtos resultantes radicais livres, geradores de reacções em cadeia. O glutatião é conhecido por causar stress oxidativo ao produzir *OH* e $o_{2,\ que}$ são altamente tóxicos para as células, desempenhando um papel importante na desintoxicação e na indução do stress oxidativo. Pensa-se que as espécies reactivas ao oxigénio estão envolvidas na mutagénese e na cancerogénese. Pensa-se que o ferro induz indiretamente alterações no material genético e um atraso no crescimento.

Em resumo, para além do seu impacto no crescimento e dos efeitos patológicos graves, não se pode negligenciar a indução de stress oxidativo por excesso de ferro. Sem ser diretamente tóxico para os genes, o ferro, ao produzir radicais de oxigénio altamente reactivos, provoca perturbações no material genético, como quebras do ADN, que conduzem indiretamente a efeitos mutagénicos, bem como a aberrações cromossómicas que podem ser deletérias ou seletivamente favoráveis à evolução notavelmente estabilizadora dos Euproctes e dos Urodeles.

Bibliografia

- Abeloos Marcel, *Les Metamorphoses*, Coleção Armand Collin, 1956.

-Abi Nahed Roland, *Phospholipases A2 during fecundation and preimplantation embryonic development: molecular mechanism of action and therapeutic development*, These docteur biologie du dëveloppement- oncogenese, universite de Grenoble, 2015.

- Arneodo Alain, Argoul Frangoise, Bacry Emmanuel, Elezgaray Juan, Muzy Jean-François, *Ondelettes, multifractales et turbulences*, Diderot, 1995.

-Battaglia-Brunet, *Microflora bacteriana dos meios ricos em metais e metaloides*, Universidade de Provence-Aix-Marseille I, 2010.

- Bautz Alain, *Role presume de la gravite dans la symetrisation de l'embryon des amphibiens, reponse apportee par l'experimentation en biologie dans l'espace*, Bulletin de l'Academie Lorraine des Sciences, 2002.

- Beetschen Jean Claude, *l'Embryologie*, que sais je, puf, 1979.

- Berg Alonso Laetitia, *Deficiências da cadeia respiratória mitocondrial com instabilidade do ADN mitocondrial: identificação de novos genes e mecanismos*, Universite de Nice Sophia Antipolis, 2016.

- Brackett Frederick S., *The present state of physics*, Associação Americana para o Avanço da Ciência, 1954.

- Caraguel Flavien, *Proliferation during regeneration of the lepidogenic bilobed form of the skin fin in zebrafish*, These Universite de Grenoble, 2006.

- Chaline Jean, Nottale Laurent, Grou Pierre, *Des fleurs pour Schrodinger*, ellipses, 2009.

- Cohen-Tannoudji Gilles e Spiro Michel, *Le boson et le chapeau mexicain*, Gallimard, 2013.

- Cottet-Roussselle Cecile, *Mesure par microscopie confocale du metabolisme mitochondrial et du niveau energetique cellulaire au cours des episode de carences en substrats et/ou en oxygene*, These de Doctorat de Biologie cellulaire, Moleculaire et Sciences de la Sante, Ecole Pratique des Hautes etudes et Universite de Grenoble Alpes, 2013.

- Coulon Antoine, *Stochasticity of gene expression and transcriptional regulation*, Institut National des Sciences Appliquees, 2010.

- Cox Brian e Forshaw Jeff, *The Quantum Universe*, Dunod, 2013.

- Cunchillos Chomin, *Les voies de l'emergence*, Belin, 2014.

- Dehaut E.G., *Les venins des batraciens, etude de zoologie medicale*, G. Steinheil editeur, 1969.

- De Nadai Celine, Chiri Sandrine, Brigitte Ciapa, *Les mecanismes de l'activation ovocytaire*, Synthese medecine sciences, 1999.

- Dendaletche Claude, *L'Homme et la Nature dans les Pyrenees,* Berger-Levrault, 1982.

- David Patrice e Samadi Sarha, *A teoria da revolução*, Flammarion, 2006.

- Despax, L *Euprocte des Pyrenees*, bulletin de la societe d'histoire naturelle de Toulouse.

- Despax R., *Note sur la vascularisation de la peau chez l'Euprocte des Pyrenees*, bulletin de la sociëtë zoologique de France, 1914.

- Devillers C. e Chaline J., *La theorie de revolution*, Dunod, 1989.

-   Feynman Richard, *Lumiere et matiere,* Intereditions, 1987.

-Fiszman Pierre-Louis, *Les mecanismes physiologiques responsables de l'Homochromie variable dans le regne animal*, Thëse pour le doctorat vëtërinaire, faculte de Mëdecine de Creteil, 2017.

-   Fleury Vincent, *La chose humaine*, Vuibert, 2009.

-   Godet Fabrice, *etude de l'ecotoxicite d'effluents complexes*, Université Paul Verlaine, M4etz, 1993.

-   Guillaume Olivier, *Role de la communication interspecifique dans la segregation spatiale chez les Urodeles sympatriques Calotriton asper asper et Salamandra salamandra*, Bulletin de la societe herpetologique de France, n°18, 2006.

-   Guille-Escuret Georges, *Les societes et leurs natures*, Armand Colin, 1989.

-   Guille-Escuret Georges, *Le decalage humain,* publicado por Kime, 1994.

-   Haldane JBS, Bernal J.D., Pirie N.W., Pringle J.W.S., *A Discussion on the Origin of Life*, Rationalist Union Publications, 1955.

-   Julienne Cloe Minsy, *Alteration du metabolisme energetique mitochondrial lors de la cachexie cancereuse*, Universite Francois Rabelais de Tours, 2012.

-   Kupiec Jean-Jacques, *L'origine des individus,* Fayard, 2008.

-   Le Garff Bernard, *Biologia e ecologia dos anfíbios*, 2020.

-   Laffitte M. e Rouquerol, *La reaction chimique*, Masson, 1990.

-   Lamotte Maxime, *Theorie actuelle de revolution*, Hachette, 1994.

-   Le Douarin Nicole, *Dictionnaire amoureux de la vie*, Plon, 2017.

-   Lemieux Helene, *Effets de la température sur le metabolisme mitochondrial cardiaque*, Universite du Quebec a Rimouski, 2007.

-   Majupuria T.C. e Rohit Kumar, *WILDLIFE and protect aeras of Nepal*, DEVI, 2006.

-   Maarinez Rica Juan-Pablo e Clergue-Cazeau Monique, *Donnees nouvelles sur la repartition geographique de l'espece Euproctus asper (Duges)*, Bulletin de la societe d'histoire naturelle de Toulouse, 1977.

-   Mayr Enrst, *Populations, especes et evolution*, Hermann, 1974.

-   Ndiaye Dieynaba, *Role des mitochondries dans la régulation des oscillations de calcium des hepatocytes: approches experimentale et computationnelle*, Universites Paris-Sud and Libre de Bruxelles, 2013.

-   Nonnenmacher Stephane, *Quelques aspects du chaos quantique, Memoire physique et mathematiques*, Universite Paris-Sud, Faculte des sciences d'Orsay, 2009.

-   Pierre Virginie, *L'acrosome du spermatozoide, de sa biogenese a son rôle physiologique*, These docteur universite de Grenoble, 2013.

-   Roland J.-C e Szollosi A. et D., *Atlas de biologia celular*, Masson, 1986.

-   Sacchi C.F. e P. Testard, *ecologie animale*, Doin editeur, 1971.

-   Schlegel Peter A ., Briegleb Wolfgang, Bulog Boris, Steinfartz Sebastian, *Revue et nouvelles donnees sur la sensibilite a la lumiere et orientation non visuelle chez Proteus anguinus, Calotriton asper et Desmognathus ochrophaeus (Amphibiens urodeles hypoges)*, Bulletin de la societe herpetologique de France, n°18, 2006.

-   Silvestre Marc, *L 'etevage des Urodeles: etude de cinq especes menacées*, These pour le doctorat veterinaire, Faculte de medecine de Creteil, 2001.

-   Tort Patrick, *Darwinisme et societe*, puf, 1992.

-   Weil j-H, *biochimie generale*, Masson, 1983.

Ilustrações

- Página de rosto: Um Euproctus respira à superfície da água.
- Página de agradecimento : Emblema do autor " La dame a l'ancre ".
- Página 14, Prefácio: Fita adesiva para canos de armas do CIN Querqueville.
- Página de prefácio: Ancre de Marine.
- 1. Hautes-Pyrénées, vale de Moudang.
- 2. Biblioteca, Instituto Internacional Charles Darwin.
- 3. Os Pirinéus, subindo a Vallee d'Aure.
- 4. Salamandra esculpida em chifre de rena, abrigo rochoso de Laugerie-Basse, Les Eyzies de Tayac, Dordogne.
- 5. Um rebanho de ovelhas a pastar em altitude.
- 6. Extrato do mapa Cassini de Thury n°76/21F/Bourgoin, vallee d'Aure, dos arquivos de Pau, Bearn, Pirinéus.
- 7. Fonte ferrugínea da Rainha.
- 8. A caminho do vale de Moudang.
- 9. Celeiros no vale de Moudang.
- 10. Os celeiros Neste e Moudang.
- 11. Um rebanho de ovelhas à volta dos celeiros.
- 12. Cachoeira que alimenta as bacias do Euproctes e Neste abaixo.
- 13 e 14. primavera milagrosa da Rainha e das virgens depostas.
- 15 e 16. Desenvolvimento de plantas aquáticas com excesso de ferro na fonte da rainha.
- 17. Vacas a pastar em altitude.
- 18. Marmota à espreita.
- 20. Grifo em voo.
- 21. Pardais, Rupicapra pyrenaica, nas alturas.
- 22. Par de marmotas e vigia num rochedo.
- 23. Uma quinta a grande altitude no Butão.
- 24. Rã vermelha e cobra dos Pirinéus.
- 25. Diagrama da evolução do ramo Urodeles.
- 26. Euproctus, Calotriton asper asper, numa bacia ferruginosa.
- 27. Axolote, Ambystoma mexicanum.
- 28. Larva de Euproct com brânquias.
- 29. Bacia do Euproctes, abaixo de uma cascata.
- 30. Pormenores das protuberâncias epidérmicas.
- 31. Esquema de Raymond Dexpax, epiderme e derme da pele do Euproctus.
- 32. Secção transversal da pele de um Urodele.
- 33. Euprocto adulto, linha dorsal de xantoforos.
- 34. Diagrama sumário da pele.
- 35. Tocas linfáticas (L) de Rana escalata.
- 36. Salamandra terrestre, Salamandra salamandra.
- 37. e 38. Sapo comum, Buf bufo e sapo meio comido por um predador.
- 39 e 40. Rã vermelha e rã esfolada.
- 41. Muco na pele de uma rã vermelha (Mont Lozere, 1.400 metros).
- 42. Acasalamento de Euproctes.

- 43. Grupo de ovos de rã vermelha (Mont Lozere, 1.400 metros).
- 44. ovos de rã fëcondës (Mont Lozere).
- 45. Desenvolvimento de ovos de rã vermelha.
- 46. Larvas com guelras de rã vermelhas.
- 47. Diagrama experimental do sinal de cálcio.
- 48. Fases de segmentação do reuf do Axolotl.
- 49. Ovos e larvas de rã (Mont Lozere).
- 50. Modelo de teste.
- 51. Quadro e diagrama da segmentação divergente dos micrómeros
em cada pólo.
- 52. Anémona do mar fixada no fundo do mar, um bom isco para as marés.
- 53. Metamorfose da rã-de-patas-vermelhas no rio Ceze (400 metros).
- 54. Tres gros tetards.
- 55 e 56. Larvas com guelras de rã e de salamandra.
- 57. Larva de caracol dos Pirinéus com guelras.
- 58 e 59. Fósseis, crânio de tetrápodes e Ichtyostea.
- 60. Regeneração de uma estrela-do-mar.
- 61. No Euproctus, um membro cortado acidentalmente regenera-se.
- 62. ADN sintético 1.
- 63. ADN sintético 2.
- 64. ADN sintético 3.
- 65. Solução de aditivos.
- 66. Um mínimo de energia.
- 67. ffiil de Euprocte.
- 68. Numa bacia rochosa, caçam Euproctes, levantados das profundezas.
- 69. Os Euproctes caçam insectos na corrente.
- 70, 71 e 72. Meio ambiente do Calango dos Pirinéus.
- 73. Abordagem simplificada da filogenia dos lissamfíbios, divergência entre Anuros e
Urodeles.
- 74. Quadro comparativo dos parâmetros.
- 75. A solução terrestre.
- 76. Simulação do efeito de reversão.
- 77. Diagrama de árvore dos lissamphibios.
- Contracapa, autor Claude Rouquette.

PIOLHO-DOS-PIRINÉUS
Claude ROUQUETTE

Ao explorar os Hautes-Pyrenees (França), o naturalista Claude ROUQUETTE encontrou o Calotriton asper asper perto de Pont-de-Moudang, no momento em que começava a desenvolver o seu método de investigação sobre os processos complexos da evolução biológica e as transformações da civilização.

De pergunta em pergunta, conduz-nos através da respiração cutânea, do desenvolvimento e da metamorfose do Euproctus, examinando a sua capacidade de regenerar um órgão e comentando os primórdios da sua sociabilidade, que observou numa lagoa onde estas salamandras míticas caçam.

Depois de uma carreira como oficial da Marinha francesa, Claude ROUQUETTE, historiador naval e naturalista, concretizou a sua longa investigação sobre processos evolutivos complexos escrevendo uma suite naturalista em quatro volumes, complementados por três ensaios. Promove a exploração científica a longo prazo no mar e em terra.

I want morebooks!

Buy your books fast and straightforward online - at one of world's fastest growing online book stores! Environmentally sound due to Print-on-Demand technologies.

Buy your books online at
www.morebooks.shop

Compre os seus livros mais rápido e diretamente na internet, em uma das livrarias on-line com o maior crescimento no mundo! Produção que protege o meio ambiente através das tecnologias de impressão sob demanda.

Compre os seus livros on-line em
www.morebooks.shop

Printed by Books on Demand GmbH, Norderstedt / Germany